做心平气和的女人

哈佛大学最受欢迎的女性情商课

张晓萍◎编著

实现心态和情绪双向平衡
收获幸福和成功双赢人生

南海出版公司
2014·海口

图书在版编目(CIP)数据

做心平气和的女人:哈佛大学最受欢迎的女性情商课/张晓萍编著. —海口:南海出版公司,2014.9(2017.6重印)

ISBN 978-7-5442-6522-5

Ⅰ.①做… Ⅱ.①张… Ⅲ.①女性-人生哲学-通俗读物 Ⅳ.①B821-49

中国版本图书馆CIP数据核字(2014)第000805号

ZUO XINPINGQIHE DE NüREN——HAFO DAXUE ZUI SHOU HUANYING DE NüXING QINGSHANG KE

做心平气和的女人——哈佛大学最受欢迎的女性情商课

作　　者　张晓萍
责任编辑　张　媛　李凤君
特约编辑　陈荣赋
装帧设计　久品轩工作室
出版发行　南海出版公司　电话:(0898)66568511(出版)　65350227(发行)
社　　址　海南省海口市海秀中路51号星华大厦五楼　邮编:570206
电子信箱　nhpublishing@163.com
经　　销　新华书店
印　　刷　北京欣睿虹彩印刷有限公司
开　　本　710毫米×960毫米　1/16
印　　张　17.5
字　　数　255千
版　　次　2014年9月第1版　2017年6月第3次印刷
书　　号　ISBN 978-7-5442-6522-5
定　　价　29.00元

心平气和是女性情商修炼第一课。为什么女人需要培养自己的情商？情商的高低对一个女人的人生来说究竟意味着什么？

如果身边的女性朋友，对情商这个看似高深莫测却无时无刻不关系着我们成败的重要因素还表示不屑甚至一知半解，那么我们可以用生活中最常见的现象来再一次认识它。

在生活中，我们为什么喜欢积极乐观的女人，而不喜欢愁眉苦脸的女人？

为什么说笑容是女人最动人的表情，而眼泪和抱怨只能将女人推向弱者的行列？

为什么有的女人天生带有幸福感，像个优越的公主或者天真的儿童，而有的女人却常常庸人自扰，未老先衰，像个永不满足的怨妇一般？

为什么女人比男人的情绪容易失控？为什么有的女人不漂亮不成功也备受人们的欢迎和喜爱？为什么男人都喜欢笨女人？

……

这一切，都源自女人的情商！

情商决定女人一生的幸福和命运，它可以让女人快乐阳光，活力四射，魅力无穷，也可以让女人悲观忧郁，脆弱敏感，令人生厌。

女人的喜怒哀乐，以及由此情绪所引发的各种行为，也都可以归结为情商的作用。

情商就如同高空走钢丝的表演人员手里长长的棍子，起着平衡我们的心态和掌控情绪的关键作用。如果女人的心态不好，或者情绪大起大落，心情喜怒无常，就表示情商较低；反之，能够善于平衡心态、调节情绪，就是高情商的女人。

女人的幸福感归根结底取决于内心状态。内心宁静平和，是女人最宝贵的财富。而内心平和，情绪稳定，这种状态就被我们称为心平气和。

心平，即心态平和，内心宁静；气和，即情绪稳定，态度和气。心平气和是女人高情商的基础，只有先做到心平气和，才能解决好一切问题。心平气和的女人，做事会顺心遂愿，交际会圆融通达，婚姻会和谐甜蜜，家庭会宁静温馨。

美国哈佛大学教授丹尼尔·戈尔曼在他的著作《情绪智商》中提到，一些情绪方面的问题，例如人们普遍感到孤单、忧郁、任性、焦虑、冲动，等等，这引起了大众的强烈共鸣。而对于女人来说，爱生气吵架、经常牢骚满腹、不知足、嫉妒别人、心胸狭窄等，似乎成为生活中的常态。那么，究竟是什么原因导致了这种生活状态呢？在诸多原因当中，最根本的还是要属情商。

情商的高低对一个人的身心发展有着重大影响。对其能否取得成功同样有着不可估量的作用，有时其作用甚至要超过智力水平。

哈佛大学研究表明，能够平衡心态和情绪的高情商女人，能够很好地处理家庭和工作的关系，能够有能力协调婚姻中的感情矛盾。她们在做事中不会因为失败而怨天尤人，一蹶不振，在人际交往中不会因为感情不和而心生嫉妒，在生活中更不会因为挫折和痛苦而听天由命。高情商的女人内心更强大，而外在表现出来的心平气和，也为女人的形象和修养加分。

所以，女人应当明白，让生活失去笑声的不是挫折，而是内心的困惑。让脸上失去笑容的不是磨难，而是心灵的老去。控制情绪，提高情商，摆脱烦恼，就要从“心”开始。

我们无法改变天气，却可以改变心情；我们无法控制别人，但可以掌控自己。心态可以决定命运，情绪可以左右生活。

《做心平气和的女人——哈佛大学最受欢迎的女性情商课》帮助每一位女性朋友，管理好自己的情绪，调节好自己的心态，让自己心平气和地去处理一切事情，心平气和地去与人交往。利用情绪和心态的自我调节来改善自己与他人的关系，从而收获美满婚姻、成功人生、良好人缘。

哈佛大学告诉女人：有什么样的情绪反应，就有什么样的生活，有什么样的心态，就有什么样的人生际遇！不管你的生活是不是已经失衡，你都应该学会掌控你的情绪，实现生活的平衡、和谐与充实。只有你生活的各个方面都处于一种平衡、和谐的状态，你的生活才会轻松、充满色彩；你的人生才有价值和意义，你才能真正享受生活。

希望每一位女性朋友通过本书的指导，在情绪和心态双向调节的作用下，实现生活的双平衡，达到事业和家庭共赢，成为最幸福、成功和受欢迎的高情商女人。

Contents
目 录

心平气和，人淡如菊，情商决定女人一生的幸福

世界著名学府哈佛大学聚集了全世界的精英人物，个个才华出众，成绩非凡。在人们的眼里，每个人都是智商高的人。其实不然，调查数据表明，那些走出哈佛校门，尔后又在事业上取得成就的人都是情商高于智商的人。在女性群体中，这一情况同样普遍。

女人的成功与情商密不可分

哈佛大学研究认为，高情商女人可能并不是女性群体中最聪明的，但都是热忱满腔、意志顽强的人。

高情商的女人在逆境中，不会只摇头叹息，而是把困难和挫折变成前进的动力。压力越大，干劲和热情越高，从而不觉得工作任务紧迫，身体不觉得疲惫，也缓解了精神情感的苦闷。

成功是一个缓慢的积累过程。成功女人之所以成功，是因为她们积极地与成功者相比较，把她们当成楷模，在别人说她不具备条件时，也决不放弃希望和努力。当她们为成功而奋斗时，她们懂得即时满足是不现实的，既要行动和付诸实践，又要不懈地坚持。

高情商的女人有着立即行动的好习惯。相信只有行动才能把人生引向成功，即使灰心也决不后退。

高情商的女人不好高骛远，却懂得“千里之行，始于足下”的道理。世上任何宏大的目标，都是靠一件一件的小事的完成来实现的。脚踏实地，把平凡小事做好的人，才能成就大事。

高情商的女人始终认为，在那些你想有所改变或有所创新的领域中，干起来是取得成功的关键。高情商女人都有这样的特征：她们不管情绪如何，总是坚持正常工作，她们努力培养“在其位”的努力，使自己置身于一个最可能取得成功的环境之中，只要有一个不完备的计划、一个粗糙的想法、一个念头，她们懂得不去尝试，就永远实现不了自己的目标。

那些即使功成名就的女人们，通常都是从底层努力工作，慢慢地升上来的。就像生活中的储蓄，只有不断地积累才能变得富有。知识和经验也需要积累才能日益丰富，成为学识广博、经验丰富的人。

高情商女人懂得学习需要时间，知道不可能在一日之内就攀上自己理

想的巅峰，在各种挫折面前，坚持不断地努力、视失败为益友，积极吸取教训，有股不达目的不罢休的韧劲。

高情商女人是创造者，是社会生活的推动者。她们懂得正是工作才把人生的罗盘拨向成功的一面。高情商女人专心致力于那些有可能完成的事情，对自己面临的每一个挑战，都全力以赴甚至背水一战。

全身心的投入，是许多成功女性最吸引人的剪影，也是高情商女人的独有品质。

高情商女人不但被一切美好情感陶冶心灵，大自然的迷人艳丽同样让她感到愉悦。她善于把自己的思路和言谈都引导到振奋人心的、鼓舞人的观念上去；她善于体验现实中的美好事物，认为过去是一个可供借鉴的信息库，而未来是一片快乐的、前途无限的、引人入胜的乐园。她积极地解决问题，把环境中的消极方面压缩到最小限度，并竭力找出积极的东西，百般呵护它，使它成长壮大。

高情商的女人经常对别人微笑，也得到别人微笑的回报。对经历过的活动总是给予积极的评论，并总是热情洋溢地回忆自己与人共处的时光。当她们恼火或不愉快时，会迅速地调整情绪和心态，让自己活得快乐。

高情商女人爱用这样一些词语：很好、好的、喜欢、了不起，等等。她们知道，保持一种积极向上的乐观态度是人生的关键。

高情商女人对别人的帮助是满眼的感激和由衷的赞扬，而极少说消极的话，她们致力于维护互相关心的友好气氛；失败时，她们承担起责任从而减少冲突，很快地改变别人的戒备态度，去投入眼下的工作；她们真诚地肯定对方并且说："请告诉我你的观点。"然后注意倾听，不去争论辩解。

高情商的女人乐于助人，即便是一点的帮助，都真心诚意地给予回报。她们会真诚地对别人所做出的贡献表示感谢，能够设身处地为别人着想，善解人意，将心比心，平心静气地和对方商讨问题，而避免消极的评论、纷争矛盾和唇枪舌战。

女人要有高情商

哈佛大学通过调查后认为，在高新技术企业中，领导情商的重要性超过了智商。通过测试每个公司的高级主管的智商和情商，并将每位主管的测试结果和该主管在工作上的表现联系在一起进行分析，结果发现，对领导者来说，情商的影响力是智商的9倍。智商略逊的人如果拥有更高的情商指数，也一样能成功。

这可以表明，高情商的人则意味着有足够的勇气面对可以克服的挑战、有足够的胆量接受不可克服的挑战、有足够的智慧来分辨两者的不同。

情商不是靠背书、考试能学到的。在中国传统背考模式的影响下，情商的培养受到了长期的忽视甚至忽略。应试心态造成了不少中国学生每天拼命地读书，把追求好成绩当作唯一人生目标，没时间交朋友，忽略了人际关系的培养。而中国学校的“名次”造成了一种“独自奋斗”心态。这样的教育模式可能逐渐把学生培养成为情商很低的人。

在美国公司有一种360度意见调查，每个员工都要得到上司、下属、合作者等各方面的评估，最后得到的若干份评估应该是一个别人眼中真实的你。评估是匿名的，往往能获得真诚的意见。虽然在学校里没有类似的调查，但学生们仍然可以多听听老师、家长、同学的意见，挑选合适的目标来培养自己的情商。如果人际关系太差，可以定一个目标，每一个月交一个新朋友；如果自控能力不好或脾气太坏，可以请朋友在自己要发脾气时用约定的暗示来提醒自己平静下来。

在美国的中小学，老师常常会要求学生近期给自己划定一个进步的目标。如果学生是个害羞的女孩，家长就和老师商量把克服害羞定为学生进步的目标，要求她每天必须举手提问一次。一段时间以后，把举手提问改成一堂课一次，再后来，一堂课举几次手。最后上课举手提问已经成了习

惯，她面对很多人说话不再觉得难为情。

那些在提高情商方面取得进步最快的人常常是那些提问题最多的人。问题是好奇心产生的结果，是产生值得探索的兴趣点的阶梯。在我们传统的观念中，问题太多的人往往被认为是无知，或者调查某个主题时缺乏信心。但是实际上，我们认识到挑战性的问题往往来自想知道更多的愿望。

女人通常容易忽视一个重要的事情，即不愿意检查自己存在的问题，而习惯抱怨他人。这是情商不高的表现。情商之于女人，犹如水分之于花朵，有了情商，女人的生命才绽放出亮丽的光彩。高情商的女人更美丽、更优雅、更成功。

生活中，女人与其抱怨他人，不如用行动改变自己。不要使自己很随意，不要对别人太挑剔。要使事业成功，需要高情商、高姿态、高境界，学会原谅和宽容，用希望别人对自己的方式去对待别人。心平气和、淡定从容、严格自律是成功女性的特征。

1.高情商是女人成熟的标志

高情商是女人成熟的标志，这在哈佛女人看来是值得骄傲的事。

成熟的女人有魅力。女性年过20岁，标志着生理成熟，女性体态之美尽显出来。但这只是一种身体的成熟。仅有这点，无法让魅力绽放，只有在思想、智慧、风度成熟之时，才会魅力四射。

成熟的女人懂得爱，懂得自己不是孤立地生存在人群中的，对整个社会也充满爱。她很富于同情心，肯出力助人，待人有礼貌；她懂得每一份爱情和每一份工作的来之不易，她会把一切尽善尽美地做好。

在爱和性上面，成熟的女人会营造一个良好的氛围，让丈夫感受到天伦的乐趣。她使她和她的丈夫决不为七情所扰，像流水般从容地做彼此感情的依靠。当她做了母亲以后，不认为孩子就是她的私有，而是属于全家，她更不会放纵孩子，并注重培养孩子的责任心。

成熟和心机是有很大的差距的，真正成熟的女人定然是一派雍容，极具亲和力，用心计的女人流露出来的是造作与虚伪，令人反感。

2.高情商的女人魅力无穷

情商影响着女人的一生，甚至决定着女人的命运，在人生各个领域中占据着重要的地位，这是哈佛女性情商课中的核心论点。

情商的高低表明了人们所站立的起点不同，高情商的人所站的位置相对更高，因此可以看得更远，更广。

3.高情商是女人最大的资本

有人总结出这样一个公式：成功=20%智商+80%情商。也就是说，情商比智商更重要。

在女人成功的道路上，情商比智商起着更重要的作用。现在，我们具体来看一看为什么高情商的女人比低情商的女人更容易受欢迎。

高情商的女人凡事全力以赴，而低情商的女人则容易半途而废；

高情商的女人从不拖延，而低情商的女人则靠心情好坏来做事；

高情商的女人拥有积极乐观的心态，低情商的女人则消极悲观；

高情商的女人锲而不舍的努力，而低情商的女人则认为成功是因为运气好；

高情商的女人在人际交往中更受欢迎，而低情商的女人则让人讨厌。

如果你还是觉得自己不够聪明没关系，你完全可以依靠高情商去争取成功。即便你现在的情商不高也没关系，你也完全可以通过后天的修炼来不断提高自己的情商。只要你能成为一个高情商的女人，那么你就等于拥有了成功的最大资本。

好性格是情商的重要组成部分

有句话说，性格决定命运。性格作为情商的重要组成部分，因此对一个人的一生有着深远的影响。

最聪明的人不一定是最可能获得成功的人，因为她们往往不会注意性格特征，对别人和自己的性格都缺乏了解，这样也阻碍了最大限度地自我发挥。而高情商的女人，通常在各自的领域内，比如销售人员、教师、大

夫、心理专家、经理、律师等容易取得成功，正是因为她们善于观察和解读自己与别人的性格。

因此，性格是决定个人成败的重要因素。

什么是性格？概括地讲，性格就是人在对人、对事的态度和行为方式上表现出来的心理特点，如理智、沉稳、坚韧、执著、含蓄、坦率，等等。每一种性格又都有不同的层次，比如政治家的理智与农民的理智大不相同。

根据心理学的理论，一般认为一个人的性格很难改变。我们可以认识一个人的性格特征，并在必要时对其做一定程度的修正，但是却很难彻底地去改变它。

性格虽然具有先天性和不可改变性，但是它仍然具有可塑性。我们可以培养自己的好性格，发挥性格中有利的一面，而避免性格中的劣势。塑造性格的主动权，不在命运的手中，正在我们自己的手中。

性格是情商中的组成部分。所以，女人要想培养高情商，首先要有一个好性格。把握了性格，也就把握了命运。

性格是一个复杂、动态的混合体，由遗传、后天累积的经验、与周围环境的相互作用，以及有意识和潜意识构成。每个人的性格中一直保留着恒定的偏好，无论时间如何流动，它们都保持着本质的稳定。

性格偏好，意味着你以某种方式做事的天生爱好。就像你的左右手。你每天都要使用自己的两只手，但出于本能，你一定偏好使用其中的一只，因为它能更加自如、更充分地发挥和协调它的功能。当然，你也可以用不很擅长书写的那只手写字，但你会感到别扭、费力，而且写出来的字也不如另外一只手。

性格与职业的选择、成功有着密切的关系。如果你发现自己处在不适宜的管理职位上，或者认为某个职业不适合自己，通常是因为职业角色的要求和你的个性偏好不相匹配。为了有效行使职能或做好这份工作，你常常会改变自己已定型的性格定位，这便带来焦虑和紧张。举例说，一个内向的人需要在一个大型演讲会上发表演说，或者一个急脾气的人要扮演员工关系协调者的角色，这都会让他们感到紧张或将工作搞砸。由于性格偏好与职业角色的要求不协调，个人潜能便不能有效发挥，工作表现自然不如意。

如果你能辨别自己的性格偏好，并力图使之和职业角色的要求相互匹配起来，那么你一定会在工作中保持和加强你的优势，控制和减少你的劣势，职业表现肯定强于别人！如果你想取得职业的成功，首先要理解、认清自己的性格偏好；其次是明确在哪种环境下工作，你能最大程度地发挥自己的性格优势；从事什么类型的工作，能让你的性格与职业性质融为一体。

生活中，我们经常见到有的女人活泼开朗，性格外向，而有的女人文静端庄，性格内向。性格外向的女人乐于与人交往，喜欢与其他人互相交流，善谈，人际交往的能力也更胜一筹；另外，她们以行动为导向，乐于在公众场合表现自我。而人们也喜欢和性格外向的女人交往，因为会认为和这样的女人相处比较快乐和轻松。性格内向的女人，沉静、保守，喜欢独自工作，一次只能关注一件事。在社交上也不如性格外向的女人表现得活跃，甚至不擅长社交。

总之，一个人的性格与人际交往、职业成败都有着密切的关系。只有理解、认清自己的性格特点，找出自身的优点和缺点，学会扬长避短，才能在社交场上充分表现自己，在职场竞争中表现卓越。

情商是可以改变的

哈佛大学经过实验和调研证明，一个人的情商并非一成不变，而是可以改变的。

情商技巧的改变是随着人的情商实践程度而变化的。与通常的智力和个性不同，情商是一项可以改进的具有灵活性的技巧。它也能被生活环境所影响，你可能看到它随着失业、离婚、意想不到的鼓励或者其他重要生活事件的回应而波动起伏。真正的诀窍是理解你的情商技巧，密切注视它

们，为你的利益使用这些技巧。你在磨炼你的情商技巧方面做得越多，你的情商水平提高得越快。

当你努力改进你的情商技巧时，这个过程将会持续好几个月，然后才能看见一个较为明显的变化。学会在改进期间适当停下来对你周围的环境做不同的思考是你开始时应该做的事情。一些新的行为很容易迅速产生，人们将会立即注意到你的变化。把你的注意力转移到情商上会给你带来新的视角，这个视角让你觉得改变情商不是很难的事情。像学习任何新的技巧一样，改进你的情商需要实践。

一个人每次只能有效地处理少数行为。如果想尝试通过单一努力就能提高所有情商技巧，最后的结果一定会失败。你应该每次提高一项情商技巧，这需要你集中精力改变一些关键行为来获得良好的结果。例如，如果你选择提高自我管理技巧，就不应该把时间花在思考“我需要自我管理……”上，更为正确的做法是，你需要编制一个计划，把明确的提高自我管理技巧的行动包含进日常事务。这些行为中的每一种都是一项意义重大的新挑战，只有每次掌握一项你才能真正形成新的习惯。

如果你开始改进你的自我管理技巧，你的其他情商技巧也可能会同时改进。例如，为了学会在某些事情困扰你的时候不忽略其他人，你非常清楚的是必须要自我管理。这也将会改进你与他人的关系，提高你的关系管理技巧。所以即使是最有雄心改进情商技巧的人也应该相信坚持不懈地提高某种单一技巧将会带你走得更远。

如果你对这样做感觉到舒适的话，你应该与至少一个你信任的人分享你的目标。即使那个人只能给你最少的支持，你也会发现在你的努力过程中，他或她将会起到非常好的作用。当你做出一个公开的目标时——甚至只是简单地告诉某个人你在努力做什么——你抵达那个目标的可能性就会增加10倍以上。把它说出来会在你的内心中创造更高层次上的责任感。当你监控你的进步时，其他某个人会成为一个重要的信息资源，他们可以描述他们看到你的努力如何在发挥作用。当然，出于各种各样的原因，总会有一些人你不想告诉，这很正常。对你来说为了从与另一个人分享你的目标中受益，那个人必须乐于从事自在的和建设性的合作。如果你告诉的这个人不想花时间来理解或者仅仅是打算给你一个难以安排的时间，你最好私下去努力实现你的情商目标。

努力提高你的情商

女人能够建设性地使用一些相关的技能，来提高自己的情商，是完全有必要的。这样做，可以让女人的人际交往变得更加积极、愉悦和富有成效。在提高情商过程中，每一次的机会都能使女人的能力得到更全面的发展，自我实现的水平更高。这是哈佛情商课给女人的启示。

个人能力是了解你自己及尽最大努力利用你所拥有的东西做自己所能做的事情。它不要求完美或者对你的情绪有完全的控制，相反，它允许你的情绪通过一定渠道表现并指导你的行为。

提高个人能力的最大障碍是自我意识会努力逃避不良情绪。你的目标应该不仅仅是避免情绪用事，更重要的是，你要朝向它、深入它，最后超越它。

当你忽略情绪或让情绪起伏最小化时，不论这种情绪有多小或者有多么无关紧要，你都会因此错过利用此情绪做些更有效事情的机会。更坏的是，忽略你的情绪并不会让你远离这些情绪，因为这样做只会在你不希望这些情绪出现的时候再次出现。

为了改进你调节情绪的能力，你需要考虑人们表达的情绪范围。

我们有如此众多的词汇来描述在生活中产生的情绪，但是所有情绪都是五种核心情绪的引伸：幸福、悲伤、愤怒、恐惧和害羞。每种情绪都会以不同的强度、不同的形式表达出来。如果你能了解到情绪是一种复合体，就能帮助你理解每种情绪的真实状态。

为了精确地认知一种情绪，你必须注意到与情绪伴随而来的思想与身体上的行为，即伴随它们而来的思想和感觉。例如，你的大脑可能会一片

空白；你可能感到热、冷或者麻木；你的心脏可能会无节奏跳动或者跳动加速；你可能会感到肌肉紧张或者出现幻觉。每个人的内部强度调节器都不一样。思想和身体上的感觉非常好地体现了你对发生这种情绪的环境所做出的常规反应。

实践情商技巧帮助我们在各种环境下能更加熟练、更加迅速地给情绪定位并运用情绪增强我们的优势。

我们所知道的拥有“极高情商”的人只不过是那些在这个过程中领先的人。确信无疑的是：为了尝试提高情商，他们早期都有太多失败的故事。现在他们显得悠闲了，他们的技巧好像很容易获得，甚至不可思议地能一直保持着。

如果你刚刚开始认识你的情绪类型与不舒适的类型，那么你可以尝试写下一些你在烦恼或无能为力的情况下所看到的、所做的、所思考的和所感觉到的东西。这将帮助你发现当情绪对你发挥最大作用时什么样的行为会让你成为其牺牲品。与朋友们或同事们交流可以获得更深远的一些看法。他们能帮助你认识你的情绪类型，帮助你在发生的事情和你做出反应的方式之间找到联系。

1.克服不良的自我情绪

当你因为不良情绪让你感到意外而不能提前做好安排时，在对此采取任何行动之前停顿一下。你可能需要几十秒钟、一天甚至数周时间。如果你仅仅需要几分钟，就做做深呼吸。当情绪变得强烈的时候，最好慢下来，在继续前进之前思考一下。

2.自言自语是一种控制你下一步情绪及下一步行动的强有力的方法

一般情况下，这种自言自语是悄悄地在你头脑里进行，且应当是指向你所期望的目标。假设你想打电话给一个你认识的男孩子，要求与他约会。如果你一直在脑海里不停地说：“他可能会说不。他为什么非得和我一起出去呢？”那么，你永远不可能与这个男孩子约会。如果采用某些更加积极的自言自语，则会改变在你头脑中的印记。比如，“我打个电话会失去什么？如果我不打，我将永远失去机会；也许他会说好的。”

3.交谈是理解和管理你情绪的极好方式

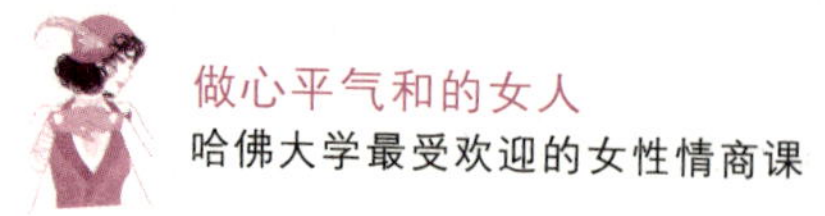

向那些可能会从更客观的角度看待你行为的人寻求建议。如果情况极其艰难或复杂，你可能想要获得第三方或第四方的意见。没有什么事情比因为仅仅只有你自己的错误意见而让自己陷入困境更坏的了。要点是没有必要问其他人你该如何做，只需要询问他们如何看待这种情况，他们便能够给你提供用来管理你情绪和把你自己带往你想要去的方向的全部信息。

4.倾听你的内心感觉

聆听你的内心感觉，在你面对一个决定时——例如，房子、配偶、工作或经营意见方面的问题，如果你的内心感觉告诉你“不”，那么就应该停止。如果你不能确定，那么应该信任自己的感觉。你需要对自己正在做的事情的风险性重新审视一遍，思考作出决定后可能会出现的潜在后果。你还需要仔细检查其他人的观点和意见。如果你清楚地了解了其中的利与弊，那么你就可以放心做出一个自己坚信不疑的决定。

5.保持积极的状态

保持积极状态，可以回忆过去曾经拥有过的自信、成功或平静镇定的某个状态。通过走进这些状态，看、听和感觉当时经历过的东西，重新体验当时的美好感受。当这种感觉达到最强烈时，为这种感觉加入激励性自我对话，例如“我能做好它”或“我已经为所有事情做好了准备”等。

你是位高情商的女人吗

什么样的女人才是高情商的女人呢？通常而言，高情商女人的10大表现：

1.不抱怨不批评

高情商的女人一般不批评、不指责别人，不抱怨，不埋怨。她们知道，抱怨和指责都是不良情绪。高情商的女人只会做有意义的事情，而不做没有意义的事情。

2.热情和激情

高情商的女人对生活工作或是感情保持热情，有激情。她们会调动自己的积极情绪，让好的情绪伴随每天的生活工作，不让不良的情绪影响自己。

3.包容

高情商的女人宽容他人，心胸宽广，不斤斤计较，有一颗包容的心。

4.擅长沟通与交流

高情商的女人善于沟通，善于交流，并且以坦诚的心态来对待，真诚又有礼貌。沟通与交流是一种技巧，需要学习，在实践中不断地总结摸索。

5.赞美别人

高情商的女人善于赞美别人，这种赞美是发自内心的真诚的。看到别人优点的人，才会进步得更快，总是挑拣别人缺点的人，会固步自封。

6.保持好心情

高情商的女人每天保持好的心情，每天早上起来，送给自己一个微笑，并且鼓励自己，告诉自己是最棒的，告诉自己是最好的，并且周围的朋友们都很喜欢自己。

7.聆听好习惯

高情商的女人善于聆听。聆听是尊重他人的表现，是更好沟通的前提。

8.有责任心

高情商的女人敢做敢承担，不推卸责任，遇到问题，分析问题，解决问题。正视自己的优点或是不足，是敢于担当的人。

9.每天进步一点点

高情商的女人每天进步一点点，说到做到，行动力是成功的保证。每天进步一点点，朋友们也更加愿意帮助积极进取的女人。

10.记住别人的名字

高情商的女人善于记住别人的名字。记住别人的名字，别人也会更加愿意亲近你，和你做朋友。记住别人的名字，也是一种尊重。

★一些成功的女人，其中可能并非聪明绝顶，智商超人，却必定是能够调动自己和管理情绪的高情商者。

★在女人成功的道路上，情商比智商起着更重要的作用。高情商的女人比低情商的女人更容易受欢迎。

★只要你能成为一个高情商的女人，那么你就等于拥有了成功的最大资本。

★提高个人能力的最大障碍是自我意识会努力逃避不良情绪。你的目标不仅仅是避免情绪用事，更重要的是，你要朝向它、深入它，最后超越它。

修身养性，提升气质，心平气和是女人的资本

哈佛无时无刻不在向每一位就读的学子灌输这样一种观念：一位成功者，他内在的智慧、气质与外在形象的好坏会对他的人生有着重大的影响。而对于女人，修炼超凡的气质和优雅的品位尤为重要。心平气和的心性，出众的人格魅力，是女人一生的成功资本。

做一个有教养的女人

在哈佛看来，教养是一个女人所必备的基本美德。女性教养程度的高低是衡量社会文明程度的一个重要标准。女人身为母亲，女人的文明修养，更直接地影响着子女和后代，女人的教养决定了一个国家和民族的修养。

做一个有教养的女人，认真地关注他人，真诚地倾听他人，真实地感受他人，你会发现尊重别人就是尊重你自己。

有教养的女人不会在公共场合大声喧哗，有教养的女人使用公共厕所一定会主动冲水，有教养的女人即便在无人看管的室外公共区域也不会随意丢弃废物。

真正的教养不是做给别人看的，而是发自内心的，不是有人看到你才会做，没人看到你就不做。教养与习惯紧密相连，良好的习惯久而久之会成为一种自觉的行动，内化为教养。要做到有教养，应该从培养良好的习惯开始。

和有教养的人一起共事和生活，你会觉得和谐和愉悦，常常还会得到人性的升华和感动。

卡耐基夫人说：“记得有一次，我和几个朋友在美国约塞米蒂国家公园旅游，受到美国人热爱露营的感染，我们也简单地收拾了一下车厢，加入了美国人露营的队伍。那是一片原始森林中整理出来的很大的空地，100多辆车，差不多有100多个露营的家庭和伙伴，晚上大家支起篝火，炊烟袅袅，像是一个无比热情喧闹的大家庭。人们听着音乐，烤着肉，喝着酒……第二天清晨，当我迟迟地醒来，所有的车辆已悄然地离开了这里。我发现这里完全没有100多辆车、几百人宿夜的一丁点儿痕迹，地上没有一点废弃的物品，连一张碎纸片，一根吃剩的骨头都没有。用于清洗的水

池里没有一点残羹废渣，那一刻我被感动了。我知道什么叫教养了。那是一种长久融于一身的生活品位和习惯，一种源自内心的需求和表达。”

有教养的女人是令人尊敬的，让人愉悦的，使人感到如沐春风。有教养的女人说话有分寸，对人不尖酸刻薄，不会为几毛钱讨价还价，不会占小便宜。有教养的女人在公众场合端庄大方，不做作，举止不轻浮，有爱心并善于表达情感，常常赞美祝福他人，而不是嫉妒他人。和有教养的女人共处，总像有潺潺溪水流过，让周遭的人们被沁润。

沉稳矜持是女人的最高品位

哈佛情商课启示女人，沉稳矜持是女人难得的品质。女人不要随便显露情绪，不要逢人就诉说困难和遭遇。言谈举止不焦躁，不慌张，言行一致，永远给人一种沉稳的好感。

不管是白领还是蓝领，也不管待字闺中还是初为人妻，作为女人，永远不要大大咧咧、风风火火。要记住：凡事有度，沉稳矜持永远是女人的最高品位。

在一次世界文学论坛会上，有一位相貌平平的小姐端正地坐着。她并没有因为被邀请到这样一个高级的场合而激动不已，也不因自己的成功而到处招摇。她只是偶尔和人们交流一下写作的经验。更多的时候，她在仔细观察着身边的人，一会儿，有一个匈牙利的作家走过来。他问她：“请问你也是作家吗？”

小姐亲切而随和地回答：“应该算是吧。”

匈牙利作家继续问：“哦，那你都写过什么作品？”

小姐笑了，谦虚地回答：“我只写过小说而已，并没有写过其他的东西。”

匈牙利作家听后，顿有骄傲的神色，更加掩饰不住自己内心的优越感："我也是写小说的，目前已经写了三四十部，很多人觉得我写得很好，也很受读者的好评。"说完，他又疑惑地问道，"你也是写小说的，那么，你写了多少部了？"

小姐很随和地答道："比起你来，我可差得远了，我只写过一部而已。"

匈牙利作家更加得意，"你才写一本啊，我们交流一下经验吧。对了，你写的小说叫什么名字？看我能不能给你提点建议。"

小姐和气地说："我的小说名叫《飘》，拍成电影时改名为《乱世佳人》，不知道这部小说你听说过没有？"

听了这段话，匈牙利作家羞愧不已，原来她是鼎鼎大名的玛格丽特·米切尔。

故事中的女主人公是一位沉稳矜持的高情商女人。而这种为人低调的态度永远要比骄傲自大更受人欢迎。

身为女人，每天操持家务、奔波忙碌是一种常态，其中也有许多令人精神振奋的时刻：刚刚搬进位于中心城区的高档住宅，与男朋友或丈夫的关系越来越甜美，击败部门所有同事荣登经理的宝座……真有这些扬眉吐气的事情，得意一下也无妨。然而，得意和失意往往会在瞬间转换。你尽可以春风得意马蹄疾，但不要放浪形骸，无所顾忌，尤其是不要忘记了自己的位置，抢了他人的风头。

一般来说，人在得意的时候，就容易自我感觉良好，虚荣心会极度膨胀，甚至变得眼高于顶，无视别人的存在，这就常常会给自己带来不良的后果。

我们可以得意，但不要忘形，特别是千万不能因为他人相信、看重自己，就开始骄傲自大，指手画脚，更不能恃才傲物以至于遮盖他人的光彩。你得意过度，背后就会有更多的人反感你。每个人都有自尊心，特别是当你的得意之心侵害了他人的自尊时，后果就会变得很严重。

还有一个故事：

按照老板的安排，琼斯到威尼斯出差，并计划给自己添置一些新的"行头"。因此，只要稍微有点时间，她就马上出门逛街，到大大小小的商场、店面去购物。

一路搜寻下来，她确实满载而归，最让她感到满意的是一款意大利名牌的女用手提包：上好的皮质、典雅的外观、精巧的设计、适宜的价格，让琼斯爱不释手。

可回到公司以后，琼斯无意中发现女老板的包和她的竟然是同一个品牌，但样式已经明显过时了。不久她又察觉到，自从拎上这个手提包后，老板就动不动对自己横挑鼻子竖挑眼。

琼斯一向机灵，很快就明白了老板的心思：自己的新包抢了老板的风头，她有点儿嫉妒了。琼斯想来想去，决定再也不拎这个包上班。于是，老板对她又变得和从前一样了。

在日常生活中，如果别人的衣服或配饰比自己的还要奢华名贵，那么有些女人就可能会觉得不舒服、不自在。而且女人大多很看重自己的外表，别人无意的赞扬或批评，都会让她琢磨好半天。

对于聪明的女人来说，在自己得意的时候，会适当地掩饰自己的得意，她知道自己应当谨言慎行，适度收敛。

不要卖弄小聪明，要适当把别人的位置抬高，做真正聪明的女人。

宽容是女人最大的美德

哈佛大学情商课强调，情商高的女人都有着一种宽阔的胸怀，懂得宽容他人。

宽容是一种修养，是一种境界，也是一种美德。宽容是一种非凡的气度、宽广的胸怀；是对人、对事的包容和接纳；是一种高贵的品质，精神的成熟，心灵的丰盈；是一种仁爱的光芒，无上的福份，也是对自己的善待；是一种生存的智慧，生活的艺术；是看透了社会人生以后所获得的那份从容、自信和超然。

宽容的女人是美丽的，也能得到别人的尊重，女人不是因为漂亮而耀眼，而是因为美丽而动人。漂亮是与生俱来的，但美丽就不同了，她是靠后天的修养所得到的一种独特的气质和涵养，而宽容就是一种高素质的修养。

人们常常用大海一样的胸怀来形容宽宏大度的人，而一个女人的宽容首先是面对丈夫的。在长期的家庭生活中，吸引对方持续爱情的最终的力量，可能不是美貌，也可能不是伟大的成功，而是一个人性格的明亮。这种明亮是一个人最吸引人的个性特征，而这种性格特征的底蕴在于一个女人怀有的孩童般的宽容。

宽容不是怯懦，不是一味的逆来顺受，是在理解的基础上的大度、忍让，以此求得在矛盾激化前问题的解决，是成熟的心态，是完美人格的体现，是解决问题的最佳策略。

女人要想成为一个生活中的强者，就应该豁达大度，笑对人生。有时一个微笑，一句幽默，也许就能够化解人与人之间的怨恨和矛盾。宽容，首先表现在处理事情上要不愤怒，不嫉妒，不能够感情用事，生活中确实存在很多矛盾和困难，但是生闷气是无济于事的。

只要你冷静思考，仔细观察，就会发现我们的生活本来就是苦、辣、酸、甜、咸五味俱全。想改变事实，你就得学会宽容地去接受面对现实，再从中找到改造的契机。

宽容体现在你对别人的不苛求，能够容忍他人。尽管不顺心的事随时会产生，若能宽容待人、对事，你便拥有了快乐的一生，那难道不是人生的幸事吗？所以应尽量以愉快的心情处理生活上的各种问题，即使忍无可忍，也应采取理智来抑制情绪，最终是大事化小，小事化无！

生活在社会这个大群体里，人与人之间难免常常因一时的疏忽，或冒犯了别人，或别人冒犯了我们，正确的做法是冒犯者应主动真诚的道歉，被冒犯者理当宽容大度，说声“没关系”，让一切误解在“对不起”和“没关系”中烟消云散，使彼此重归和睦和友善。

当然宽容也不是没有界限的，因为宽容不是妥协，虽然宽容有时需要妥协；宽容不是忍让，虽然宽容有时需要忍让；宽容不是迁就，虽然宽容有时需要迁就；但宽容更多是爱，在相爱中，爱人应该是我们的一部分，是爱的一部分。作为女人，也许很娇贵，也许很单纯，也许很浪漫，但拥

有一颗宽容之心，才是作为女人的完美之本。

宽容，能体现出一个女人良好的修养，高雅的风度。它是仁慈的表现，超凡脱俗的象征，任何的荣誉、财富、高贵都比不上宽容。宽容是美德，是万事万物存在的结果，宽容的背后有着心与心永久与纯洁的承诺。

宽容地面对生活，面对人生，才会使自己拥有一个平静从容的生活，才能使自己活得更轻松、更洒脱。宽容别人，其实就是宽容我们自己，多一点对别人的宽容，我们的生命中就多了一点空间，宽容是一种境界。

愿天下的女人都能拥有一颗善良、宽容的心。

负责任是气质女人的标签

美国总统林肯曾这样说过：“我——对全美国人，对基督世界，对历史，而且，最后，对上帝负责。”人活在世上，不免要承担各种责任，家庭、亲戚、朋友、国家、社会。我们的责任心，最基础的体现可能是在家庭中。

责任就是对自己要去做的事情有一种爱。因为这种爱，所以责任本身就成了生命意义的一种实现，就能从中获得心灵的满足。相反，一个不爱家庭的人怎么会爱他人和事业？一个在人生中随波逐流的人怎么会坚定地负起生活中的责任？这样的人往往把责任看作是强加给他的负担，看作是个人纯粹的付出而索求回报。

一个不知对自己人生负有什么责任的人，甚至无法弄清他在世界上的责任是什么。有一位小姐向托尔斯泰请教，为了尽到对人类的责任，她应该做些什么。托尔斯泰听了非常反感。因此想到：人们为之受苦的巨大灾难就在于没有自己的信念，却偏要做出按照某种信念生活的样子。当然，这样的信念只能是空洞的。

更常见的情况是，许多人对责任的关系确实是完全被动的，他们之所以把一些做法视为自己的责任，不是出于自觉的选择，而是由于习惯、时尚、舆论等原因。譬如说，有的人把偶然却又长期从事的某一职业当作了自己的责任，从不尝试去拥有真正适合自己本性的事业；有的人看见别人发财和挥霍，便觉得自己也有责任拼命挣钱花钱；有的人十分看重别人，尤其是上司对自己的评价，于是谨小慎微地为这种评价而活着。由于他们不曾认真地想过自己的人生究竟是什么，在责任问题上也就是盲目的了。

如果一个人能对自己的家庭负责，那么，在包括婚姻和家庭在内的一切社会关系上，他对自己的行为都会有一种负责的态度。勇于做一个负责的人，就必须要做到在任何时候不迁怒于他人，这也是一个人成熟的标志。

哈佛大学的教育学家约翰逊有一个刚学会走路的小女儿，有一天她搬着她的小椅子到厨房里，想要爬到冰箱上去。约翰逊急忙冲过去，但已经来不及在她跌倒之前扶住她。当他把她扶起来时，她狠狠地踢了那把椅子一脚，喊道："坏椅子，害得我跌了一跤。"

你会在小孩子那里常常听见这样的借口。小孩子只会率性而为，为自己的过错迁怒于没有生命的东西或是无辜的旁观者，对他们来说这是正常的行为。但是，如果我们将这种小孩子的反应带到成年时，麻烦就来了。自从有人类以来，因为自己的失败和过错而责怪他人的现象一直存在着。甚至亚当也以责怪夏娃来作为借口："是这个女人引诱我吃禁果的。"

成熟的第一步是自己负责任。要确信自己已经不再是一个跌倒了便找把椅子来踢的小孩子了，直面人生，自己要负起责任来。当然，不这样做则容易多了，责怪我们的父母、老板、丈夫、妻子、子女比较容易，我们甚至可以责怪祖先、政府，如果我们还需要一个借口的话，甚至可以责怪幸运之神。

对不成熟的人来说，他们的缺点和不幸总是有理由的——当然，都是除了他们自身之外的理由：他们有一个悲惨的童年，他们的双亲太穷了或是太富有了，对他们的管教太严厉了或是太放纵了，他们没受过教育，他们总是受体弱多病的折磨等等。

英国女教师杰西卡的班上有一位学生，有一天在其他的学生走了以后来找她。他们那天在课上训练学生记人名。这位女学生对她说："尊敬的老

师，我希望你不要指望能改进我对人名的记忆力，这是绝对办不到的事情。”

“为什么?”杰西卡问她。

“这是遗传的，”她回答，“我们全家人记忆力都不好，我的记忆力是我父母遗传给我的。因此，你要知道，我这方面不可能有什么进步。”

“凯丽，”杰西卡说，“你的问题不是遗传，是懒。你觉得责怪你的家人比用心改进自己的记忆力要来得容易。坐下来，我证明给你看。”

接下来的几分钟，她训练这位学生做几个简单的记忆练习，由于她专心练习，效果很好。杰西卡花了一些时间才消除她认为无法将脑筋训练得比前辈好的想法，不过她很高兴她做到了，终于学会了改进自己的记忆力，而不是找借口。

当我们做到了遇到失意的事，不迁怒于他人后，就要试着去敢于承担责任。只有勇于承担责任的人，才能得到别人的信任和支持。

做一个温文尔雅的娴熟女人

一个人在精神上或生活上也可以成为一个富有的人，虽然他可能不是一个有钱人，但他可以是诚实正直的、彬彬有礼的、温文尔雅的、自尊自爱的、自立自强的，这才是真正的绅士品质，才是真正富有的人。

哈佛精神曾经激励了无数女性改变了自己，改变了命运，其中重要的一个方面就是改变了女人的精神面貌。

女人应该在精神层面上变得富足，而不是一味地去追求物质享受。精神丰富的穷人无论从哪方面讲都比一个精神贫乏的富人强。借用圣·保罗的话说，前者是“一无所有，但无所不有”；而后者虽然无所不有，但其实一无所有。前者充满希望，无所畏惧；后者无所希望，杞人忧天。只有精神上的穷人才是真正的穷人。那些失去了一切的人，只要他还有勇气、快乐、希望、美德和自尊，他就仍然是富有的。因为这样的人世界信任

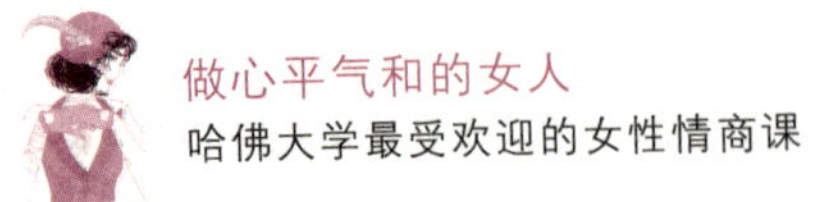

他，他的精神主宰他的一切，他可以挺起胸膛，抬头做人，他是一个真正的绅士。

品格良好的人总是一如既往，不管是在众人面前，还是在私下里。

当有人问一个小女孩，在无人在场的情况下为什么不拿一些梨子放在自己的口袋里，那个受过良好教育的孩子说："不，有人在场，我在看着我自己。我从没想过做一件不诚实的事情。"这是一个关于道德和良心的简单而恰如其分的例子。

道德和良心是一个人主要的品格，也是人格高尚的具体体现。它们对生活的影响不是消极的，而是积极的。这种约束时时刻刻都在塑造着人的品格，时时刻刻都在发挥它的作用。没有这种影响，品格就失去了自己的保护，容易在诱惑面前投降，而且每一种诱惑都可能使人做出卑鄙或不诚实的事情，即使事情很小，也会导致自我的堕落。这一点更值得女性注意，因为最容易经受不住诱惑的往往是女人。

问题的关键不在于你的行动成功与否，以及是否被人发现，而在于你不再是从前的你，而成了另外的人。你会感到隐隐的不安，你会时时自责，或者说你会受到良心的谴责，这是一个做了亏心事的人不可避免的命运。

每个女人都应该把拥有良好的品格作为人生的最高目标之一。有了这个目标，你就有了为之奋斗的动力。当你的品格日益完善的时候，反过来又会给你不断向前的动力。人生应该有一个较高的目标，即使我们实现不了。本杰明·迪斯雷利说："不向上看的年轻人就会向下看，不在空中翱翔的灵魂注定要匍匐在地。"

乔治·赫伯特这样写道："有崇高的目标，即使你的地位卑微，你也可以变得高尚。"

不要让你的精神消沉，瞄准天空的人要比瞄准树木的人射得更高。一个生活和思想目标都崇高的人一定比一个没有目标的人做得更好。目标高远的人一定会高于他的起点，即使最终没有实现既定的目标，追求本身也会让你终生受益。

品格也有假冒伪劣，但真的永远假不了。有些人知道金钱的价值，于是他们制造假币，欺骗那些警惕性不高的人。查特里斯上校曾经对一个以

诚实正直著称的人说：“我愿意以1千英镑换你的好名声。”“为什么？”“因为我可以用它赚1万英镑。”上校的话足以反映一个问题，那就是精神上的富有会产生巨大的力量，它的力量将会使你变成一个最富有的人。

像爱自己那样爱别人

哈佛情商课给女人最受益的一点启发就是学会爱人。

为了讨人喜欢，积极主动地去喜欢人和爱人，对女人来说是极为重要的。

由于善于与人打交道而获得成功的女人，以及讨人喜欢、得到他人配合和帮助的女人，其本身往往就是一个与人为善，能与大家同甘共苦的女人。

要像爱自己那样爱别人。这句名言适合于任何时代和任何国家。

从根本上说，人并不是孤立地存在于世，而是存在于人与人之间。人恰如原子，唯有在相互关联中，才有其存在的现实意义。

一个人之所以爱别人，大概是因为他渴望得到回报，即为别人所爱。一个女人对于来自家庭成员和朋友的赞词的需要，并不亚于自己对食物和睡眠的需要。

哈佛大学心理学家认为，女人有爱情的需要、归属的需要和认同的需要等等。对众多自杀者所做的调查表明，她们似乎都是从孤立无援，“谁也不理睬自己”的绝望境地走上自杀道路的。

希望被他人所爱的需要，是基本的生活需要。因为一个女人唯有在其他人接受自己时，才能体味到平安和喜悦。一个女人唯有在自己的工作受到夸奖，自己的意见被人采纳，自己的服装、物品和产品被人羡慕的情况下，才能产生克服困难的勇气和力量。当一个女人想到不管程度如何，反正有人对自己持赞同态度时，她的精神就会振奋起来，就会觉得自己有价值，从而在充满惊涛骇浪的社会中勇往向前。此外，女人还有向其他人或事物倾注爱的强烈需要。例如，小女孩喜欢布娃娃，婚后一直没有孩子的女性寻觅养子，年轻寡妇希望再婚等，即为这方面的表现。

只要是女人，都生活在与他人相互依赖的关系中。所以，与任何人，包括家庭成员、亲戚朋友、邻里同事甚至市场上出售粮食的商贩友好相处，无疑是十分愉快的。

这种值得欢迎的爱，既有激情，也有朴素的感情。不过，这种爱应该以一切人为对象，而不能仅仅倾注在某些特定的人物身上。这种爱具有无穷的力量。我们需要做的是，完全抛弃个人利害得失和好恶亲疏的考虑——要具有这样的爱，是相当不容易的。然而，为了讨人喜欢，女人最好学着去积极主动地去喜欢人和爱人。

做到真正的分享

学会与人分享是哈佛大学永恒不变的精神主题。

共享每一件东西，不管是一片面包或是思想，都可以使人的关系更加亲密。分享我们所爱的人的特殊嗜好和娱乐，这是在人际关系之中得到幸福的最主要方式之一。

哈佛大学的爱情专家们曾经对250对幸福婚姻者做过研究，他们发现：夫唱妇随是这些婚姻成功的主要因素。

夫唱妇随的基本因素是什么？共同的朋友、共同的嗜好和共同的理想。这些东西就能够把人们结合在一起。

是的，整天工作而没有娱乐，会使婚姻变得索然无味。老婆如果学会分享一些老公喜爱的消遣，就可以增加想要“夫唱妇随”的愿望。

在成功的婚姻生活里，对于对方嗜好的适应力，比起本来就相同的嗜好和习惯，是更加重要的。

克娄巴特拉，这位古代的尼罗河艳后，从没有学过临床心理学，但是

她却精通不少支配别人的方法，特别是对于男人最有效用。

克娄巴特拉的美丽并不非常突出，但是她和别人共享快乐和特殊嗜好的能力，却使得她所向无敌。她通晓所有附庸国的方言，她的祖先人没有人像她那样不怕麻烦地学会这些话。当这些附庸国的使节前来朝贡的时候，克娄巴特拉不需要翻译人员，她用他们的方言和他们谈话。于是便赢得了他们的热心支持。

马克·安东尼喜欢钓鱼，于是喜爱奢侈豪华的克娄巴特拉就不举办大宴会了，她跟安东尼一起去钓鱼。有一次，安东尼花了好几个钟头都没有钓到一条鱼，她就叫个仆人潜游到水底，把一条大鱼挂在他的鱼钩上，开了一次玩笑。有时候克娄巴特拉为了博取安东尼的欢心就化装成平民，于是这一对爱侣就跑到亚历山大城内的贫民区和下级赌场去狂欢作乐一番。马克·安东尼所喜欢做的每一件事情，对于娇小的克娄巴特拉来说，也都是喜欢得不得了的。

然而，我们之中有多少人愿意穿上长筒鞋和粗布衣，不怕淋湿、肮脏和寒冷，陪伴老公去钓鱼呢？

给予是快乐的源泉，为别人带来快乐的同时，我们自己也会处于快乐的包围之中。快乐是可以分享的，你给别人带来了快乐，你分享给别人的东西越多，你获得的东西就会越多。你把幸福分给别人，你的幸福就会更多。

不会与别人分享，最终的结果是自己也享受不到。快乐分给大家就会成倍地增加。相反，如果紧握住不放，就会有别人嫉妒你的快乐。

哈佛大学情商课启发女人，每一位女人都应该懂得，把你的快乐和幸福与别人分享，你分给别人的快乐越多，你获得的快乐也会越多。

让爱好滋润你的身心

人生除了工作和奋斗以外，还有一种非常重要的状态，那就是做自己喜欢做的事，用爱好来让自己快乐。爱好填充了我们工作以外的人生，给了我们人生的快乐时光。

哈佛大学心理学家也从来没有将爱好对一个人的精神力量的作用排除在外，他们一致认为，生活中不能缺少爱好。而对于女人，爱好可以滋润她们的身心，让生活充满情趣。

如果一个人只知道工作而不懂得如何休闲，那他算不上一个成功的人，充其量只能说是一个工作狂；真正的成功人士，除了奋斗拼搏以外，都有自己的爱好，它可以是一种音乐，可以是一种绘画，可以是一种运动，可以是一种山水，甚至可以是一种大众的消遣方式。

琼斯有一只大帆船，每到周末她带着日常用品去海边练习驾船技术。为了购买新船或者测量用的仪表，她省吃俭用。为了取得驾照，她练习时很刻苦。她的女友们为了祝贺她的生日，预订了一年的帆船杂志。她的男朋友开玩笑地称她为“倔强小姐”。她的热情感染了她的男友。在帆船比赛中，他们两人终于取得了第四名的好成绩。

55岁的贝芙丽在业余大学上花边编织技术课，她发现，每当她用彩色毛线编织出各种图案时就感到特别愉快。不久她又学会了凸纹编织手艺。现在，她能编织壁毯和类似的各种编织物。她对自己能以此技术来表现自己的创造力感到非常自豪，一编织起东西来就废寝忘食，为此她丈夫经常提醒她注意休息。

你肯定已经发现——真正能使我们着迷的，是我们发自内心深处的一种爱好。我们应该发展那种发自内心深处的，并能激发我们热情的爱好。

这种完全属于个人的爱好往往被埋没了。如果你不知道你的爱好是什么，你就回忆一下大约9岁时你喜欢做的事情。它会提醒你，什么可以使你产生愉快的心情。当时，直到深夜你可能还在贪婪地读惊险小说，为你的玩具娃娃缝制幻想的服装，或者自己化妆上演一出戏？当然，你今天不必再读卡尔·麦的小说，但是，如果不读惊险小说，离开旅游路线去休假会怎样呢?过去你观看木偶戏时很开心，今天用针线缝制木偶也许能使你得到新的乐趣。你在孩童时代自演的戏剧也可能在今天的剧场里有好的上座率。

如果你又找到了新的爱好，不管是什么原因，诸如缺少时间，因伙伴、家庭或者周围人的看法，等等，无论如何你都不要放弃。可能有上千个理由影响我们焕发激情，像放风筝有危险、赶时髦是草率、读爱情小说是逃避现实、如果有毕加索的才能应该去绘画，等等。不要去听这些议论。重要的是在你自己的生活里要有真正能激发你热情的事，它是你快乐的源泉，也是你魅力的源泉。

我们虽然不是名人，但是我们同样需要爱好。爱好不但可以陶冶我们的情操，还可以增长我们的知识。健康的爱好就会使人精神有所寄托，生活更加充实，身心更加健康快乐。爱好的本身，就是让自己和别人快乐，拥有相同爱好的人或许可以走得更近。所以无论工作多么忙，都不能抛弃自己的爱好。同时，爱好也是你的人生的一个特色，当然不能因为你敬仰的人爱好什么，你就选择什么。爱好是出自内心的，是可以唤起你对生命的热爱和激情的。无论你的人生处于哪种状态，是春风得意，还是暗然失意，都记得你还有一个爱好，生命因它而美好。

用艺术才情丰富内心

综观哈佛大学的女性学子，多才多艺、德才兼备者数不胜数。可以说，在艺术才情的熏陶下，这些女人在性情和心态上都做出一定程度的改变。看上去，她们拥有温文尔雅的气质，有着浪漫的情怀，由内到外散发着无穷的魅力。

女人做自己喜欢的事情，使自己的兴趣广泛一点，多涉猎一些雅的、俗的知识，能给人生增添无限的乐趣。

一个多才多艺的女人，容易产生成就感，易被社会接纳。因为她能赢得社会的赞誉、周围人们的欣赏；能做到厚积薄发，触类旁通，愉快地编织自己的网络，萌生出新的乐趣；易发现别人不易发现的智慧和美。有时，在别人一筹莫展之处，她却能畅通无阻，勇往直前。在别人遇到危难、难以前进时，她却能履险如夷，跨越艰辛。

用艺术才情丰富内心，方式可以自由选择：你可以为文，可以做事，可以读书，可以打牌，可以创造，可以翻译，可以小品，可以巨著，可以清雅，可以不避俗，可以洋一点，可以土一些，可以惜阴如金，可以闲适如羽，可轻可重，可出可入，可庄可谐。只要于身心有益，无事不可为。兴趣与快乐是相伴相生的。要热情地培育兴趣，积极地寻觅快乐，主动“创造”愉悦之境。

看电影是不错的选择。爱情片、音乐片、战争片、科幻片、动画片、恐怖片、灾难片、探险片、动作片、喜剧、戏剧、历史剧，各有各的优点，各有各的过人之处。无论哪种电影，无论哪部电视剧，皆有其独到之处。有条件要看，没有条件创造条件也要看。

音乐必不可少。重金属摇滚、蓝调爵士、乡村民谣、古典音乐、流行音乐、民族音乐、轻音乐，能听的最好都要听一听。音乐可以陶冶人的情操，这是不言而喻的。好的音乐让人心旷神怡，感悟生活。所以，如果有条件，就尽量欣赏音乐吧。

舞蹈给女人带来青春的活力。每当耳边响起悠扬浪漫的慢三步舞曲，脚步总会不由自主地滑到舞池，踏着音乐的节奏配合舞伴翩然起舞，尤其是遇到合拍的舞伴，那种酣畅愉悦的感觉堪称一流享受；而随着震耳欲聋、节奏强劲的迪斯科音乐舞动，则可以让你无限放松……乐趣无穷的舞蹈不知不觉中为你增添了青春的活力。

网络给女人带来温暖的友情和写作的动力。网友之间的交流仿佛将你带回故乡的少年时代，这种没有功利色彩的友情令人们乐此不疲。爱游泳、打乒乓球、羽毛球，这些运动项目给女人的生活增添了活力。

养花不仅能陶冶情操，丰富和调解女人们的精神生活，增添生活乐趣，使人心情舒畅、轻松愉快、消除疲劳，增进身心健康，而且花卉还可以调节气候，净化空气，为人们创造出优美、清洁、舒适的工作和生活环境，使人们生活更幸福、更美好。

旅游是升华心灵最好的法则，滋养并支持你的旅行梦。旅行不仅可以

让你走遍千山万水，走过丰厚无尽的风景，更可以让你充实心灵、疗养心灵，从而实现个人睿智地成长。世界就像一本书，不去旅行的人只读到了其中的一页。每一次出行，都是一次心灵的历险，一次文化的探索，一次对历史的追寻。

总之，艺术的种类是多种多样的，总有一款适合自己。女人用艺术装点人生，陶醉在美的天地，也是一种别样的美丽风景。

用音乐调养情绪和心境

哈佛大学研究者认为，音乐对女人的情绪和心境调养有着神奇的力量。

音乐能让女人产生想象力，消除日常生活中的精神阻力，并使女人觉得身心舒畅。每种音乐有着不同的功效：使人放松、激动或紧张。音乐疗法，会使人产生色彩联想以达到心灵的平和状态，使人有舒适的感觉，身心达到完全的放松。

音乐对女人的美容具有不可忽视的作用。音乐疗法还可有效地减低肤质异常的状况。如此，保养品、按摩的功效也能更充分发挥。音调的起伏经由耳朵吸收，然后慢慢地影响人体的动脉，如同投石入水所产生的涟漪效应一样，其对人体细胞及新陈代谢的影响已被学术专家证明。

这些经证实的放松状态和脑部的平衡状态也有关。音乐则可以加强右脑的情绪功能，使脑部达成平衡状态。

在女人的健康和美容方面，我们特别不应忽略放松情绪的重要性，音乐与其他治疗保健方式不同之处在于：它就好像是现代的“心灵仪器”深入人体和心灵，对人的情绪放松有非常重要的帮助。音乐等于是替你的感情、能量找到了出口。

对人放松最有益的音乐是纯音乐（部分为古典音乐）。这是由悦耳的曲调（大约一分钟60拍）组成的乐曲。若音乐的速度低于人每分钟脉搏跳动次数及呼吸次数，则较易达到全身放松及内在宁静的状态。可以说，有艺术价值、让人心灵宁静的音乐作品都会使人觉得轻松愉快、悠然自得，情绪上也会充满正能量。

女人会从“放松音乐”中受益很多。比如，提高美容保养的效果，达到理想的体重，减少过敏、戒烟、克服恐惧或消除失眠，都可经由音乐疗法而受到正面影响。这些充满艺术气息的音乐，就如同悄悄的耳语，滋润女人的身心和内心，令人愉悦。

让人产生满足和愉悦感，正是音乐的神奇魅力。而女人，最重要的就是要让自己拥有更多的满足和愉悦。

冥想让女人内心平和淡定

现代女人每天累到心力交瘁，身心像装满水的杯子，一点刺激都会溢出，让人崩溃，情绪上也容易变得烦恼、沮丧、厌倦和自卑。

哈佛大学研究者为女人提供了一种全新而有效的精神调节方法，经过实验证明，这种方法受到众多女性的欢迎。这种神奇的方法被称为冥想。

冥想是一种有益身心的疗愈方法，可以让女人的内心变得成熟和健康，达到平和、积极、淡定的状态。

简单地说，冥想是意识上停止一切对外活动，达到忘我境界的一种心灵自律行为。它不是一种消失意识，而是在意识十分清醒的状态下，让潜在的意识活动更加敏锐和活跃，是调整与自然界感应的一种方式。

冥想的方法有很多种，瑜伽冥想、坐禅冥想、芳香冥想、祈祷冥想，等等。找到适合自己的冥想方式是最重要的，能让身心感觉舒适的方式是适合自己的。如果冥想的方式不适合，反而对身心成长无益，甚至带来压力和痛苦感，带来更多的负面作用。

进入冥想状态，必须使全身肌肉、细胞和血液循环等都缓慢下来。进入时，不仅会体验到宁静和放松，一段时间后还会源源不断地涌出想象力、创造力与灵感，使人的判断力、理解力都得到提升。这个过程有些类似人在身体成长的期间，不断会体验到身体获得力量和变化的惊奇和喜悦。

比较常见的冥想方式为：清早，找一个安静的私密地方，舒服而放松地坐着，闭上眼睛或无目的地凝视外界物体，有意识地放松面部、身体和呼吸，直到心灵完全平静。冥想看似简单，但要真正达到境界却不容易，所以你要学会观察你的想法，不仅要进得去，还要能出得来，要像看一部电影一般，而不是深陷其中，不能自拔。

★我们生活在茫茫人世间，难免与别人产生误会、摩擦。如果不注意，在我们轻动仇恨之时，仇恨袋便会悄悄成长，最终会导致堵塞了通往成功之路。所以我们一定要记着在自己的仇恨袋里装满宽容，那样我们就会少一份烦恼，多一份机遇。宽容别人也就是宽容自己。

★有教养的女人是令人尊敬的，让人愉悦的，使人感到如沐春风。有教养的女人说话有分寸，对人不尖酸刻薄，不会为几毛钱讨价还价，不会占小便宜。有教养的女人在公众场合端庄大方，不做作，举止不轻浮，有爱心并善于表达情感，常常赞美祝福他人，而不是嫉妒他人。

★勇于做一个负责的人，就必须要做到在任何时候不迁怒于他人，这也是一个人成熟的标志。

★由于善于与人打交道而获得成功的女人，以及讨人喜欢、得到他人配合和帮助的女人，其本身往往就是一个与人为善，能与大家同甘共苦的女人。

心向美好，幸福如花，好心态的女人好命运

哈佛情商课指明，心态的调节作用是巨大的，同样的东西在不同的心态下，却表现出截然不同的局面。保持一颗乐观的心态，快乐便能常驻你的身边。女人的心态与命运相连，不要让消极的念头占据你的思想，对生活要始终保持乐观的心态。能让自己的脸上多一点微笑和幸福感，是生活快乐的标志。女人，请保持阳光的心态，学会面带微笑对待生活，多一些快乐，就多一些幸福。

女人幸福是一种心态

哈佛大学情商课阐明，优秀的成功者首要的标志在于他的心态。一个人如果心态积极，乐观地面对人生，自信地接受挑战，勇敢地战胜困难，那么他就成功了一半。

心态对一个人的人生成败有着关键的影响。而对于女人，是否有一个好心态，决定了她一生的命运和幸福感。

英国哲学家罗素说："幸福的生活在很大程度上，必是一种宁静安逸的生活，因为只有在宁静的气氛中，真正的快乐幸福才能得以存在。"

试问，一个人尽管在外面获得安全，而他的心境常是忧惧恐慌的，其幸福又有几分呢？斯宾诺莎认为：一个人的幸福，即在于他能够保持他自己的存在。费尔巴哈也有类似的论述，他说，生命本身就是幸福。他认为幸福是生活的本性：所有一切属于生活的东西都属于幸福，因为生活和幸福原来就是一个东西。亚里士多德认为美德就是幸福。他说："行为所能达到的全部善的顶点又是什么呢？几乎大多数人都会同意这是幸福；不论是一般大众，还是个别出人头地的人物都说，善的生活，好的行为就是幸福。"

杜威则认为幸福只在于行为的不断成功，而不是道德行为所追求的最终目的。弗洛姆也有类似的看法，他认为幸福是一个人创造性心灵所带来的结果，是个人在思想上、情感上以及行为上的一切创造性活动所带来的喜悦。亚里士多德又认为能用理智来指导生活，就是最高的幸福。他认为，神的活动，那就是最高的幸福，也许只能是思辨活动，而与此同类的人的活动，也就是最大的幸福。卢梭也有类似的看法，认为狂热和激情都是短暂的，只是生命长河中的几个点，不能构成一种境界，幸福是一种境界。爱因斯坦认为，一种实际工作的职业就是一种最大的幸福。池田大作

在与基辛格谈论人生时总是说，能够遇上给自己带来最大启发的人，就是人生最大的幸福。

幸福是不让交通、雨水、炎热、寒冷以及不得不排队等候等情况影响我们的心情。幸福是做我们喜欢的事，是喜欢我们所做的事，是生活中有很多希望，是永远祝福别人。幸福首先是个人的决定。每个清晨，当我们醒来的时候，我们都有机会选择让自己幸福还是不幸福地度过难忘的一天，或者只是又过一天而已。

女人要明白，幸福是一种态度。不管是我们面对一项全新的事业，还是面对生活中出现的任何一种新的情况，人生道路上的每一个境遇都给了我们一个积极应对或消极应对的机会。正是我们选择的应对方式，决定了在事情结束后我们所感受到的幸福和不幸福的程度。

女人要懂得，幸福是一种自我感受，一种心理状态，幸福是无形的。尽管劳动成果、艺术享受、爱情、婚姻、家庭、爱好、修养、经历、境遇等等都能给人带来幸福感受，但没有一种相应的尺度可以衡量幸福。“物质幸福”是存在的，所以我们在努力建设“物质文明”。但是，纯粹物质享乐并不等于幸福，物质的多少并不一定带来相应的幸福的大小。金钱是存在的需要，金钱可以买得来刺激，甚而买得来“快乐”，但不一定买得来幸福。有钱难使精神贫乏不幸福的人推动幸福的磨盘。一切的喧嚣浮华至多是表面的快乐而不是真正的幸福。

追求幸福是女人一生的梦想。但最重要的是，幸福是寻求和体验生活中的平衡。幸福是对生活的方方面面都有一个目标，并保证自己每天都朝着实现这个目标的方向前进。幸福是拥有个人、专业和家庭目标，并让这些目标成为一项行动计划的一部分，努力使我们的生活保持平衡。

女人要搞清，幸福更多的时候是一种心境，追求幸福，包含着人们对美好生活的企盼，更寄托着人们对人生境界的追求。

乐观积极，做阳光女人

为什么有时候跟那些怨天尤人的女人在一起，自己就感到气氛惨兮兮、闷恹恹的，整个人的情绪都似乎拖垮了；而跟眉飞色舞、积极阳光的女人相处，心情一般会被感染得好起来？

哈佛大学一位医学博士对225名青年女大学生追踪观察30年发现，压抑感强的人，死亡比例高达15%，而性情开朗热情的人，死亡比例仅仅是2.5%。一个乐意与人为善、帮助他人、扶危济困的女人，总能获得精神的快慰与心情的舒畅。

在一个快乐的家庭主妇家里，生活总有一种温暖、向上、昂扬的氛围。社会心理学家爱卡罗尔·塔韦斯曾提出过一种“幽默治疗法”。她谈到她母亲是怎样让她心情愉快时说：“每当我心情糟糕时，说教只会让我发疯，而母亲就带我去看查理·卓别林的电影，我们开怀大笑，忧闷的心情就烟消云散了。”

一个幸福的女人绝对是一个心情非常好的女人，而一个心情好的女人会调适自己的坏心情，随时给自己一份快乐的好心情。

积极的心态要保持在每一个时刻，坚持住你就有成功。你或许不信，难道心态这个东西真的如所说的这般神奇吗？从下面这个小故事，你便可以形象地看到积极的人生态度和消极的人生态度到底有什么区别。

有一个名叫胡达克鲁丝的老太太，她的朋友和邻居迈克夫人和她是同龄人。她们在共同庆祝70大寿时，迈克夫人认为人活七十古来稀，自己已年届70，是该去见上帝的年龄了。因此她决定坐在家里足不出户，颐养天年。而胡达克鲁丝则认为：一个人能否做什么事，不在年龄的大小，而在于自己的想法。于是她开始学习爬山，其中有几座还是世界上有名的高山。在她95岁高龄时，登上了日本的富士山，打破了攀登此山年龄最高的

纪录。

女人的心态与命运相连，不要让消极的念头占据你的思想，女人什么时候都应该保持积极向上的心态。

乐观而阳光的女人自信、漂亮，看待事情总是看积极的一面，凡事都往好处想，时常保持着好心情，灿烂笑容常会挂在脸上，神采飞扬。乐观积极的女人总能发现和欣赏到生活的美好，抓住幸福和快乐的瞬间，并且将快乐与人分享或者传递给更多的人。

乐观的女人无论多少岁，永远都是活力四射的，那可掬的笑容让人感觉温暖和快乐，时常给人以鼓励和信心，让人充满激情和斗志。没有人会拒绝和乐观积极的女人成为朋友。

女人的美丽与心态有着密切的关系。心态乐观积极的女人精神焕发，满面春风，神采奕奕，体态轻盈而美好。而悲观的女人总是在叹息：我的快乐在哪里，谁抢走了我的快乐？

保持一颗乐观的心态，快乐便能常驻你的身边。心态的调节作用是巨大的，同样的东西在不同的心态下，却表现出截然不同的局面。乐观的人总是能够看到美好，看到希望，从而心情愉快；悲观的人总是看到黑暗，看到绝望，从而哭泣和厌世。

对于乐观的人而言，外人眼中糟糕至极的事情都可以转化成可以坦然面对的事。人生不过短短几十年而已，无论遇到什么挫折，都应该乐观地接受、积极地去改变。

女人能够乐观地面对人生，乐观地接受生活的挑战，即使在危急情况中也能够生存下去。

此外，还要注意一点，女人大多容易有抑郁情绪，所以抑郁是女人拥有阳光心态、乐观积极的大敌。

抑郁是女性中一种常见的心理疾病。抑郁的女人大多眉头紧锁，容易敏感，性格孤僻、自闭。严重的抑郁会影响女人的身心健康，对生活和工作带来很多的不便。所以，做个快乐女人，就不要让抑郁的情绪影响自己。

摆脱抑郁情绪，让自己拥有阳光心态，有助于心理健康。比如，暖色调或者是亮色调的衣服总会给人一种积极的感觉，而冷色调或者是暗色调会给人一种烦闷、抑郁的情绪。因此要想让自己的抑郁情绪变得少一点，最好多穿暖色调的衣服。音乐是最好的心理良药，对人的情绪起到一定的积极影响，让心灵得到净化。女人常听音乐，平时多唱歌，抑郁情绪就会慢慢得到改善，整个人也变得快乐起来。

多参加活动，拓展交际，培养乐观性格。比如，参加朋友聚会，旅游或者与人交谈和沟通，将郁闷从内心中排除掉，不久就会变得外向开朗。通过朋友的帮助和带动，让自己走出抑郁，获得快乐，成为人见人爱的开心果。

心态平和的女人更迷人

哈佛大学众多的成功者都向我们表明这样一个奇怪的现象：世界上，成功的、不平凡的人是少数的，这些人往往生活得充实自在、潇洒乐观；而失败的、平庸者居多，这些人往往生活得艰难、空虚和消极。

可见，一个人的心态和他的生活状态密不可分。

女人不要总是去抱怨什么，而要时时保持平和的心态，把自己变成幸福的主人。虽然女人的美丽有很多种，可是慢慢的，当女人老去时，很多种的美丽都会慢慢褪色，只有幸福的心态会让女人随着岁月的长久而变得更加幸福。

生命的质量取决于每天的心态，女人对幸福的感觉来自于健康的心态。

要有良好的心态，要学会忘记、宽容过去。要敢于向前，宽容大度，勇于承认自我。如果对当前状况总是抱有不满意的念头，那就会永远生活在痛苦中。

心态平和的女人会养成一种习惯，善于发现生活中美好的方面。每个感动的瞬间，每一处生命的绽放，都是美好的。

心态平和的女人懂得让心灵获得轻松，懂得用遗忘获得自由。活在当下，就要有阳光心态，只要微笑前行，相信未来一定会更美好。

保持平和健康的心态的女人，随时随地都散发着迷人的光彩。这种心态就像和煦的阳光一样照亮着他人，温暖着他人。平和心态也是一种无形的力量，会慢慢地将他人的心融化，变得柔软起来。

心态平和的女人不是柔弱的，而是坚强和乐观的写照。在失望的时候会对自己说一句“没什么”；在阴郁的日子里，会笑着说“会好的”。这并非放纵所有的过错，只是拒绝沉溺。

女人能把握的只是自己。不要把自己的幸福建立在别人的行为上面，否则将因为没有把握而惶恐。不要总为未来忧心忡忡，如果担心的事情不能被自己所左右，就随它去吧。

心态平和就是要做到“心平气和”，包括“心平”和“气和”两个方面。

生活中，女人无时无刻不受欲望的诱惑，要想“心平”，首先要管好自己的欲望。除了“心平”，还要懂得“气和”。所谓“气和”就是在与人交往的时候一定要温和相待，凡事保持冷静。对于一个有修养的女人来说，心态平和可以使自己更幸福更迷人。

1.情绪影响女人的幸福指数

轻松、愉快、乐观等良好情绪，不仅能使人产生超强的记忆力，而且能活跃创造性思维，充分发挥智力和心理潜力。而焦虑不安、悲观失望、忧郁苦闷、激愤恼怒等不良情绪，会影响着对幸福的理解。

女人应学会做自己情绪的主人，培养愉快的心情，调节好自己的情绪，提高适应环境的能力，保持乐观向上的精神状态。以积极的心态看待一切事情，就是快乐的。每天总是乐呵呵的，身边的人也会受良好情绪的影响而感到开心。因为情绪是可以感染的。所以，控制好情绪十分重要。

2.幸福女人不生气：少生闲气，不生闷气，降低怒气

闲气是由生活琐事而生的不该生的气。闷气是有气不发，强憋在心里的气。怒气是因情绪冲动或行为过激而爆发出来的恼怒之气。女人大多爱生气，而闲气、闷气和怒气可以说是生活中最常见的生气状态。俗话说，

气大伤身，生气对身体健康是不利的。女人要学会颐养身心，做到不生气。不生气是女人的修养，体现的是女人的气度和胸怀。女人应该学会控制自己的情绪，碰上了不愉快的事，要学会给自己“消气”；确实遇到烦心的事，也要“戒”字当先，戒除恼怒。遇事冷静、待人宽厚并能适当克制自己的情绪，做到心平气和，这样的女人离幸福最近。

3.心态平和的女人一定拥有宽大的胸怀

女人要颐养身心，就要下工夫修炼品行，学会宽厚待人，谦逊处世。要做到心胸开阔，宽宏大量，对一些细枝末节的小事不斤斤计较、耿耿于怀。要颐养身心，还要学会息怒，善于控制和调理自己的情绪，只有这样生活才会快乐、轻松。能够拥有平和心态的女人，性情是温顺的，待人是宽容的，不会伤害别人，也不会伤害自己。而心态做不到平和，心理就容易失衡，不仅习惯伤害别人，也拿别人的错误惩罚自己。

4.女人养心有三宝：不焦躁、不自扰、少烦恼

女人应该学会管理自己的情绪，做自己情绪的调节师，摆脱不良情绪，让快乐占据心灵。焦躁不安，坐卧不宁，会让女人的心疲累；无端的烦恼、莫名其妙的忧虑甚至庸人自扰，都是破坏美好心情的大敌，是女人心灵上的沉重负担。一个总是感到烦恼的女人不会给别人带去快乐，一个心事重重的女人会让自己衰老得更快。所以，女人要让自己永远具有魅力，先要修养心灵，除掉束缚心灵上的沉重负累，才能由内而外散发出健康和活力。

快乐是女人的人生主题

按照哈佛心理学家哈利·克塞克的说法，快乐意味着生活在一种“沉醉”的状态中。生而为人即是一种快乐，快乐是人生的主题。

只要我们用心去体会，以饱满的热情去对待生活，就能快乐度过每一

天。在快乐中沉醉，陶醉在生活的美好中，其实并不难。关键在于我们自己的感受。

女人要有一颗快乐的心，时刻洋溢着愉悦感的女人最美丽，也是幸福的。当早晨睁眼看到美丽的朝阳，鼻子嗅到清新的空气，感受到早晨的美好，那么她是快乐的。在公司里出色完成任务，受到老板表扬，赢得同事们的尊重，那么她是快乐的。下班回家，看到桌子上香甜可口的饭菜和孩子优秀的成绩单，那么她是快乐的。晚饭后陪同爱人和可爱的孩子在公园中散步，享受天伦之乐，那么她是快乐的。生活中令我们快乐的事很多，只要我们细心观察，用心体味，就会发现有许多乐趣包含其中。

快乐出现的频率并不像我们想象得那样少。当一个小女孩得到她盼望已久的洋娃娃时，这是快乐；当一位学生学习成绩十分优秀常受到人们的赞扬时，这是快乐；当一位白领工作一帆风顺时，这是快乐；当一位已婚妇女有了爱她的丈夫和听话的孩子时，这也是快乐。

不同的人有着不同的快乐。对于那些容易满足的女人来说，得到快乐的时刻便多些。对于不知足的女人来说，总觉得自己不够快乐，或者快乐根本就没有降临到她的身上。其实快乐是很简单的感觉，只有心中认为有快乐的存在才会使自己快乐。快乐的女人，会把生活过得有滋有味。

许多女人到外界去寻求快乐。而对身边的美景熟视无睹，其实只要用心生活，身边就有感动你的美景。只要带着一颗愉悦的心情去看周围的风景，你随时都可以感到愉快。你可以在阵雨中歌唱，使音乐充满你的心灵；你可以在烈日中独行，让阳光洒满你的心灵；你可以在风中散步，让风儿吹散你心中的不快，你可以……总之，只要你愿意，快乐随时都会陪伴着你。

快乐是一种神奇的力量，拥有快乐的心会让女人变得年轻。人生就像坐车，要经受各种未知的颠簸，有的人能从容自信地欣赏到窗外的风景，怀着激情享受和驾驭生活；而有的人即使是安稳地坐在座位上，也看不到眼前稍纵即逝的美景，因为他们根本就没有更多的精力和情感去拥抱这个世界，这颗“枯竭干涸、老去的心”已经无法面对艰难。

哈佛大学研究者通过对那些生活得轻松而快乐的高情商女人的研究，

总结出了女人在生活中如何运用情商令自己快乐的10大秘诀：

1.不抱怨生活

快乐的女人并不比其他人拥有更多的快乐，而是因为她们对待生活和困难的态度不同，她们从不问“为什么”，而是问“为的是什么”，她们不会在“生活为什么对我如此不公平”的问题上做过长时间的纠缠，而是努力去想解决问题的方法。

2.不贪图安逸

快乐的女人总是离开让自己感到安逸的生活环境，快乐有时是离开了安逸生活才会积累出的感觉，从来不求改变的女人自然缺乏丰富的生活经验，也就难感受到快乐。

3.感受友情的快乐

广交朋友并不一定带来快乐感，而一段深厚的友谊才能让你感到快乐，友谊所衍生的归属感和团结精神让人感到被信任和充实，快乐的女人几乎都拥有团结人的天分。

4.快乐地工作

专注于某一项活动能够刺激人体内特有的一种荷尔蒙的分泌，它能让女人处于一种愉悦的状态。研究者发现，工作能发掘人的潜能，让女人感到被需要和责任，这给予女人充实感。

5.降低负面影响

少接受些有关灾难、谋杀或其他的负面消息，这样，无形中就保持了对世界的一份美好乐观的态度。

6.对生活充满理想

快乐的女人总是不断地为自己树立一些目标，通常她们会重视短期目标而轻视长期目标，而长期目标的实现更能给她们带来快乐感受，你可以把你的目标写下来，让自己清楚地知道为什么而活。

7.给自己积极的动力

通常人们只有通过快乐和有趣的事情才能够拥有轻松的心情，但是快乐的女人能从恐惧和愤怒中获得动力，她们不会因困难而感到沮丧。

8.规律的生活

快乐的女人从不把生活弄得一团糟，至少在思想上是条理清晰的，这有助于保持轻松的生活态度，她们会将一切收拾得有条不紊，整齐而有序的生活让人感到自信，也更容易感到满足和快乐。

9.珍惜时间

快乐的人很少体会到被时间牵着鼻子走的感觉，另外，专注还能使身体提高预防疾病的能力，因为，每30分钟大脑会有意识地花90秒收集信息，感受外部环境，检查呼吸系统的状况以及身体各器官的活动。

10.心怀感激

抱怨的女人把精力全集中在对生活的不满之处，而快乐的女人把注意力集中在能令她们开心的事情上，所以，她们更多地感受到生命中美好的一面，因为对生活的这份感激，所以她们才感到快乐。

爱笑的女人不会老

哈佛大学心理学家指出，只有快乐的人才能给别人带来快乐。

快乐的女人一定是爱笑的女人。这样的女人不但在人群中显得出色，引人注目，而且看起来比同龄人年轻。

笑容是世界上最美丽的表情，笑容能够拉近人与人之间的距离，是人们交际的一种必备武器。每个人都想变得幸福，每个人也都在极力表现得幸福，可是很多人并不知道，简简单单的一个笑容就是通往幸福的一条捷径。这是一种事实。也就是说，幸福的人一般是喜欢笑的，从笑容中能够感受到内心的幸福。

无论是羞涩的浅笑，喜悦的微笑，还是豪爽的开怀大笑，都是幸福的人。

所以说，真正的幸福是一种面带笑容的幸福，是一种从内心里表现出来的幸福，而不仅仅是外在的光鲜亮丽。如果一个女人长得很漂亮，却总

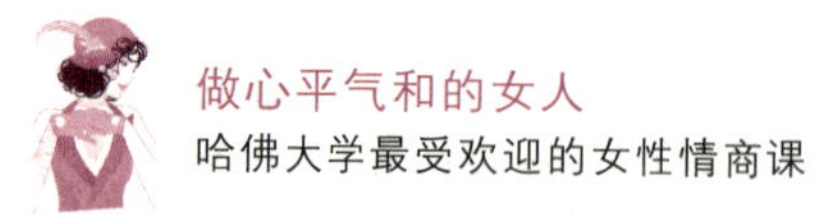

是阴沉个脸，没有笑模样，是很难让人接近的。

爱笑的女人是美丽的，迷人的笑脸是受人欢迎的好面相。爱笑的女人总是显得很有亲和力，无论是热情爽朗的笑，还是不露齿的微笑，都令人心醉神往。

银铃般的笑是青春期女孩子的笑，这是豆蔻年华女孩的笑声。

醉人的笑是有爱情滋润的恋爱中的女人才会有的笑，是忘我的笑，甜美的笑。热恋中的女人笑得纯粹，笑得让人无限回味。这种笑也是男女之间美妙感情的一个符号。

媚人的笑一般出现在成熟女人的脸上，是张扬和无遮掩的笑。会使用媚笑的女人往往经历过几场情事，懂得使用笑的技巧，能够把握好笑的时间和火候，让男人欲罢不能。

含泪的笑是个谜。女人自己也许并不知道含泪的笑对男人意味着什么，但它却是最容易让男人心痛、心酸的笑。坚忍是女人的一大特性。很多时候，女人是很容易受委屈的，她们不能像男人那样强硬，争回公平，更多是忍耐，含笑地面对一切。

会笑的女人生活中应该多去会心地微笑。对于陌生男人，有礼貌地回应，拒绝挑逗和冒犯——笑让女人身价倍增，气质非凡。

而与爱笑的人相比，不爱笑的女人就会显得冷艳或盛气凌人。这种面无表情的冷美人会给人冷漠的印象。女人面无表情，会让人觉得缺乏生气和情趣，让人敬而远之。

实验表明，很少展示笑容，会使女人的脸部皮肤提早老化，逐渐松弛塌陷，脸上的皱纹也会增多。但是如果能经常不断地用笑来运动脸部的肌肉，能有效地延缓衰老。所以，女人为了让自己更美丽，也应该多展示笑容。

笑是人的一种本能，是一种表情，是最富魅力的语言。爱笑的人是照在人们心灵上的阳光，让人温暖；笑容也是一种巨大的能量，带给人们勇气、鼓舞和支持。没有人会拒绝一个人的笑容，任何真诚的笑都是有魅力的。

1.笑容是最经济最方便使用的养颜方

女人如果不想拥有松弛变皱的脸，就每天多练习笑容，多运动脸部的肌肉。如果脸已经开始松弛，那更应该多笑。不论年纪大小，只要常常面带笑容，就一定能使面部皮肤恢复弹性，看上去神采奕奕。面带笑容的女人不会增加皱纹，心态也会更年轻。

笑容有益于身心的健康。俗话说得好，笑一笑，十年少；愁一愁，白了头。微笑对心理健康大有好处：微笑可以调动人体80%以上的关节和器官，同时会产生一种有益于延长生命、保持青春的酶，使身体更健康、皮肤更细腻、生命更长久、心态更自信。人在开心愉快时，身体抵抗力就会增强，工作效率也能提高，让紧张害怕的情绪得以缓解。微笑能增进身体免疫力，减低压力，促进睡眠。微笑还能令人神清气爽，有益心智。

2.笑容是人与人之间情感沟通的润滑剂

笑容在日常生活和人际交往中非常重要。当遇到一个陌生人，笑容便是开启友谊心扉的金钥匙；当见到久别的朋友，笑容是表达感情的最好方式；当他人陷入困境时，笑容是对对方最大的安慰；当相互之间产生误会时，笑容是使误会烟消云散的魔法棒。可以说，笑容在人与人的接触中起到了润滑剂的作用。

3.爱笑的女人能够让人感知善意，会用笑容感染着彼此

笑容的力量是巨大的，即使看似柔和的微笑，也蕴含着不可忽视的情感力量。在生活的道路上，不可能一帆风顺，当有人遇到困难的时候，别忘记给对方一个鼓励的笑容；当有人获得成功的时候，别忘记给对方一个赞许的笑容。

用微笑面对生活，是一种处世风采，是一种从容和自信；用微笑迎接困难，是强者与智者生活的艺术。

在人生的旅途中，唯独笑容不可缺少。笑容不仅会使自己感觉到生活的幸福，也给他人以幸福的感觉。但愿每个女人都以真诚、美丽、灿烂的笑容面对自己，面对他人，面对生活。

设定新年龄还你年轻态

哈佛心理学家艾琳兰格做过一个实验，召集一些七八十岁的老人，让他们穿上年轻人的衣服，用年轻人的行为和思维方式，5天后，他们身体状况有明显年轻化的改变。

意识和思维是一种神奇的力量，女人可以借助这种力量改变自己。

设定新年龄是一种神奇的方法。你可以设定一个比实际年龄小3~5岁的新年龄，用新年龄的生活方式和思维习惯开始新生活，你还要想象真的年轻了3~5岁。几个月后，你的身体和心理状态会产生明显的变化，时间越长这种变化会越明显。

这期间，你要在家里的镜子、梳妆台、厨房餐桌上贴上一些便条，甚至画一些有趣的卡通漫画，每天3~5次提示自己，并读出："我年轻了"，"我更快乐"，"我有更多活力了"。

你还要在适当的场合配合一些年轻化，甚至孩子般的动作，调动内心的快乐和欢愉感。增加微笑或大笑的频率也是很有效的配合。人在婴儿时期，笑的频率很高，每日以千次计算，年龄越大频率越低。年老时，特别是性情封闭的人，肌肉木讷呆板，几乎不再会笑。会不会笑是判定衰老的一个直接标识。因此，你可以有意识地提高笑的频率，有效地提高年轻度和生命活力。

通常，正向思维的人比负向思维的人平均寿命多7年以上，容貌的年轻感也有明显差别。消极和心胸狭隘的人显老，特别是老年，多是老气横秋、肌肉凝固、脸色晦暗、皱纹重生。

思想明确，有辨别和决策能力的人，通常有年轻化和神闲气定的气质魅力。人想要的目标和得到的结果息息相关，如果目标不明确，结果会是乱七八糟的。目标明确时，人不大会有杂念，会尽力去创造，也能获得和目标最一致的结果。

有不少女演员常常隐瞒自己的年龄，这是一种有效而有益的好方法。隐瞒真实的年龄，就会在行为、穿着、外观等方面符合这个新年龄，自然

而然会习惯这个年龄的状态，也会更接近这个年龄。所以不少女演员看上去比实际年龄显得年轻，隐瞒是有功劳的。

年龄隐瞒一段时间后，有时真的会使你忘记了真实的年龄，不仅会越来越像这个年龄，甚至还会比隐瞒后的新年龄更年轻。

保持一颗纯真的童心

在哈佛情商课中，将可贵的童心作为女性最难得的品质之一。有童心的女人很可爱，她的纯真的性情给人一种安全和可信赖之感。

在历经了生活的艰难困苦之后，依然拥有一颗纯真童心，这样的女人是真正意义上的贵族，她们知道“童心”是灵感的源泉，她们是你所接触过的最幸福、最有活力的女人。她们比普通人更知道怎样让自己内心的孩子出来亮相。

早上醒来，她们能够傻傻地肆无忌惮地笑，就像回到了天真烂漫的孩童时代；她们能够完全地沉浸于自己的幻想，就像她们在孩提时代常常走神一样。她们清楚真正的生活不是整天工作和奔波，她们喜欢对生存保留一种孩子似的天真和好奇。

事实上，你自愿回到儿童般的状态中，像孩子一样去开怀大笑，像孩子一样热爱幻想，并不意味着你必须放弃当一个成年人。它仅仅意味着让你更自由自在一些，让你摘掉成年人的面具，发自内心地赞叹整个世界。去尽情享受当孩子的乐趣吧，孩子气就好像大热天里的清凉饮料一样让人心旷神怡。

作为一个女人，无论处于如何艰难的境地，早上起来，你都可以畅快地笑，可以允许你自己享受有趣的幻想，以及精神健康的好处。你可以写下20条长期以来梦寐以求的事情，不论是参加马拉松比赛、上电视，还是访问。然后划去那些看起来在短期内无法实现的幻想。最后你至少会得到一项你今天就可以实现的梦想。马上去实现它吧。然后再开始计划第二件最切实可行的事。慢慢地，你就会实现许许多多看来幼稚可笑的幻想，而且大部分都会被证明是实实在在的成就。

童心是生产乐趣的工厂，治疗忧伤的灵药，流淌幸福的源泉，童心不老的奥妙在于拥有童趣的沃土。一切有生命力的东西，都是童心的驱使。保持一颗单纯而快乐的童心，是自我心理的需要，更是调节心理的良剂。

人类最好的品质都是在孩子身上。在社会生活的纷纷扰扰中，在工作责任的重重压力下，拾起久违了的童心，你会发现那是多么的可贵。

童心是自然的天性，是毫无装饰的美丽。一颗童心就是一个绚烂多彩的世界。只有长大成人并保持童心的女人，才是真正自信、真正美丽的女人！

知足的女人常有福

哈佛情商课指出，幸福的女人都是知足常乐的人，心态决定了女人的幸福感。

知足心态是众多积极心态中的一个。有知足心态的人，会觉得自己离成功最近，收获的快乐也最多。

不懂得知足的女人永远不知道什么是幸福，因为不知足的女人总是看到自己没有的，却从来不想想自己拥有的。而要求越少、知足常乐的女人更容易拥有幸福生活。因为知足的女人有时间去维护感情，珍惜工作，珍惜家庭，珍惜友谊。

知足的女人是有福的。知足感会让女人的小日子过得简单却有生机，即使不拥有豪华富贵的阔太生活，也会每天都觉得富足。这种富足不仅包括对物质生活的满足，也是精神和心灵上的富有。知足的女人懂得合理取舍，让幸福常伴左右，美满一生。

知足的女人不贪心。女人的幸福感往往比男人少，因为女人比男人更

贪心。女人的欲望和追求似乎是无止境的，而来自身边各种各样的诱惑很难让女人的心得以平静，让女人变得不知足。其实要获得幸福，先要懂得知足感恩，只有满足于自己的拥有，珍惜自己的拥有，才能真正体验到幸福感。

知足的女人从不会对生活心存过高的期望。“知足”便不会有非分之想，“常乐”能保持心理平衡。其实，生活中并没有多少永远属于自己的东西。很多东西会在人生旅途中渐行渐远直至消失，比如青春、美貌、名利、财富……当回首岁月时，也许只有知足的心态是最让自己感到欣慰的了。

1.做个有知足心态的小女人

在生活中，只要女人心存一份爱，无时无刻都会让人知足。比如，下班后全家人围坐在餐桌旁，品尝可口的饭菜；妻子一边忙家务，一边看着丈夫和儿女一起幸福地做着亲子游戏；一个人在闲暇时，可以坐在一个自己喜欢的角落看书、写字、记日记；回答儿女总也问不完的问题；陪同丈夫、孩子在幽静的小路上一边散步，一边欣赏着醉人的月光；或者一个人在旅行途中，轻轻地呼吸着花儿的淡淡幽香，听着小鸟飞虫欢快地歌唱。这就是简简单单的幸福，也是人生最大的幸福。拥有这样一种幸福，当面对一切的时候就会淡然处之，知足常乐。

知足的女人不追求大富大贵的生活，拥有一份自由职业就可以获得快乐，和家人和睦相处，平安地生活每一天，拥有一个健康的身体，就是最大的福分。闲暇时分可以找几个闺蜜一起逛街购物，买几件自己喜欢的衣服和饰物，即使宅在家里也不忘把自己打扮得整洁光鲜。或者没事时上网浏览，和朋友聊天，说说心中的快乐和烦恼，找一本书或网站阅读小文章，在真实而感人的情节里或喜悦或感动。何尝不是一种幸福？知足的女人会把家里布置得干净整洁，淡雅舒适。炒菜做饭讲究营养搭配，会让丈夫和孩子感到“家”是最温馨的港湾，最舒适的休闲寓所。

2.知足的女人视情感第一，利益第二

知足的女人不会羡慕别人的丈夫出类拔萃，因为只有适合自己的才是最好的，优秀的男人虽多但不一定适合自己，就像鞋子，穿得舒服与否只有自己知道，不必自寻烦恼。知足的女人不会斤斤计较，不会追问丈夫的行踪，检查丈夫的钱包和手机。让丈夫能感觉到家的温暖和安宁，无论工

作再忙，“心”都会惦记着自己的家。

知足的女人也不会羡慕别的女人生活优越，因为拥有荣华富贵的家庭并不一定都会幸福。宁静淡泊、休闲自在而无忧无虑的生活，何尝不是一种美丽。

知足的女人不会羡慕别人的孩子出色，成绩名列前茅。因为温暖舒适的家庭氛围更适合孩子健康快乐地成长，这要比任何名次都更为重要。

知足的女人对待朋友和邻居，总是那么和蔼可亲，贤惠善良，不计较邻里得失，所以往往口碑最好。

3.知足的女人不庸俗

做个健康、幸福、快乐的知足女人，何尝不是一种快乐，一种超然，一种满足。用一颗平常的心热爱生活，无欲无求；愉快地接受所拥有的，常怀感恩之心面对周围的一切。

女人要懂得知足，常怀感恩之心，只有这样才不会在岁月里走向庸俗。相由心生，所见皆所想。心中有快乐，所见皆快乐。心中有幸福，所见皆幸福，这才是一个女人应该达到的修养境界。

懂取舍是女人的生活艺术

一个人背着包袱走路总是很辛苦的，同样如果心灵负重太多，就会影响对生活的心态。所以我们应该学会该放弃时就放弃。要知道生活中有得必有失，“失之东隅，收之桑榆。”“塞翁失马，焉知非福。”放弃也是一种收获。适当地有所放弃，才能获得内心平衡和更多快乐。

我们的心灵有着太多的负重，有得到，就会有失去。然而，倘若你紧紧抓住失去不放，得到就永远也不会到来。放下失败，抓住成功，就可以让生命重放光彩。而这一切，需要你有一颗淡泊名利得失、笑看输赢成败的心。

有所失必有所得。女人要想生活的轻松快乐，就不能太过在乎得失，不斤斤计较。生活中，那些个性乐观的女人往往对得失的问题看得很淡。有时候，得与失是同时进行的。比如，心愿实现了，追求变少了；功名利禄得到了，沉思警醒失去了；幸福的婚姻得到了，爱情的光芒变淡了；虚荣增长了，灵魂贬值了。有时候，得失之间也能相互转化。比如，失去最爱，得到永恒的寄托；失去依赖，得到成长和成熟；失去憧憬，得到现实的选择。

因此，对得与失的认知看似平淡，却折射出一种对人生使命的思考。人的一生，就是得与失互相交织的一生。得中有失，失中有得，有所失才能有所得。

乐观处世，心态平和，看淡得失，你的生活就会变得简单而快乐。做一个坚强的、认真对待生活的人。这种潇洒并不代表你寡情，也不代表着你没有付出感情，而是一种成熟的人生态度。所以，把心态放轻松，珍惜拥有的，不苛求自己没有的，就会觉得幸福其实还是更多的。

1.不沉浸在追忆中，因为往事已经成为过去

脆弱的女人当碰到坎坷时，很容易抚今追昔，沉湎过去的往事。一旦沉浸在对往事的追忆中，消极情绪也随之而来，女人会变得爱抱怨、多愁善感。

哈佛大学心理学家认为，喜欢回忆过去是一种心理压力的反映。当然，回忆的利弊是因人而异的，有的人对往事的回忆所受的影响较小，而有的人则容易沉浸在追忆中难以自拔。但是无论是哪一种回忆袭来时，总会“别有一番滋味在心头”的。比如曾经的辉煌会随着岁月的流逝而渐渐平淡，灰暗的昔日很可能会引发对现状的思考和产生悲观情绪，总之，美好的回忆或者难过的回忆，都会在心理上造成一种“失落的甜美”或是“尴尬的苦涩”。所以，不要回忆往事，心中就会多一点轻松。

2.事物都有两面性，不要只盯着坏的一面

身为女人，应该学会在利弊之间学会取舍，凡事多看好的一面。趋利避害，“择其大舍其小”才是正确的选择。从长远看，虽然舍去暂时优越的“小利”，但很可能会获得潜在的有发展前途的“大利”。

如果在选择之前对利弊得失保持良好的心态，面对有利有弊的现实，就不会因为失去而失落灰心，也不会因为得到而狂妄得意。这样面对生活，心中肯定是坦荡的。

3.不为错过而后悔

人生中，我们每个人都不可避免地会心存遗憾，不可能让自己所做的每一件事都永远正确，不可能每一次都顺利地达到自己预期的目的。所以，我们才会做出那么多的错事，走了那么多的弯路。做错事，走弯路，产生后悔情绪是很正常的，在后悔中我们可以自我反省，认识自己，认识世界。这种后悔被称为“积极的后悔”，它可以帮助我们在未来的人生之路上走得更好、更稳。反之，影响我们走向悲观心理的后悔被称为“消极的后悔”，它会让我们或羞愧万分，一蹶不振；或自惭形秽，自暴自弃。这种后悔心理是要不得的。生活不可能重复过去的岁月，光阴如箭，来不及后悔。从过去的错误中吸取教训，在以后的生活中不要重蹈覆辙，才是重要的。

4.学会拿得起放得下

放弃是一种智慧。有选择就有放弃，学会放弃是一种生命的超脱。放弃，让你可以轻装前进，忘记旅途的疲惫和辛苦；可以让你摆脱烦恼忧愁，整个身心沉浸在悠闲和宁静中。

放下是一种觉悟，更是一种心灵的自由。提得起，放得下，想得开，才能收获快乐。

5.做个豁达的女人

女人应该豁达一些，生活就会少一些烦恼。做到不因得意而忘形，不因骄傲而目空一切；不因失意而自暴自弃。人生得意时，要为人低调，学会珍惜和心怀感恩，保持清醒的头脑，不骄纵，不张扬，不轻浮；人生失意时，要热爱生活，振作精神，不必在意他人的冷嘲热讽。宠辱皆忘，笑看得失，才是豁达人生。

战胜猜疑、虚荣和嫉妒的心魔

俗话说，“女人善变”，“女人心海底针”，意思是说女人的心思不可捉摸，女人的心态也是阴晴不定。其实，一个人的心态有好的一面，也有不好的一面，有阳光的一面，也有晦暗的一面。女人的心态有随和的、宽容的、乐天知命的、乐观开朗的，也有狭窄的、嫉妒的、爱虚荣的、不知足的、抑郁悲观的，等等。好心态可以让女人生活得幸福，不良心态会阻碍女人的幸福。

哈佛大学心理学专家将猜疑、虚荣和嫉妒列为女人心态的三大心魔。

多疑的心态常常令女人们缺少安全感，会无事生非，庸人自扰，不仅给别人带来痛苦，也给自己的心灵增加不必要的枷锁。

一个有修养的女人，应该是对自己和别人充满自信和信任的，不怀疑自己，也不怀疑别人，不会用怀疑给自己增加烦恼，也不会用怀疑去破坏人际关系和友谊。

虚荣心会令女人们迷失自我，在一切诱惑面前低头。虚荣心强烈的女人是可怕的，被虚荣心驱使心灵，会让女人的修养和品德渐渐消失，取而代之的是无休止的争夺、攀比甚至为虚荣心付出惨重的代价。

嫉妒心会让女人从可爱变成可憎。如果要做一个有修养的女人，就不应让嫉妒占据心灵。嫉妒会让彼此友好的朋友变成敌人，常怀嫉妒心的女人，人际关系也一定不会和谐。

所以，女人要修养心灵，就先将猜疑、虚荣和嫉妒这三大心魔从心中剔除出去，然后让信任、真实、赞赏、友好、善良等这些美好的品质来充实自己，完善自己，这样就会越来越幸福和美好，也更受人欢迎。

1.女人多疑的心灵处方

有些女人疑心病较重，乃至形成惯性思维，导致心理变态。女人如果心胸过于狭窄，对同事、朋友乃至家人无端猜疑，不但会影响工作、影响人际关系、影响家庭和睦，还会影响自己的心理健康。因此，消除猜疑之心是保持女人心理健康的方法之一。

当女人心生疑虑时，应该首先停止对猜疑的方向思考，更不能轻易地妄自论断。多疑心的女人应理性地问自己：为什么会疑心？为什么要这样想？理由是什么？在做出决定前，多想想以上这些问题，有利于冷静思索，从而打消疑虑的念头。

性情多疑的女人其实是对自己的不自信。发现自己的优点，增强自信心，可以减少疑虑，改掉疑心病。每个人都不是完美的，都有自己的优点和不足。不要只看到自己的缺点和别人的优点，多发现自己的优势，不但有助于培养自信心，相信自己有能力给他人一个良好印象，还可以增强人际间的信任。

在人生旅程中，难免遭到别人的议论和流言，不必放在心上，不要在意他人的议论，这样不仅解脱了自己，而且产生的怀疑也会烟消云散。

有些猜疑来源于相互的误解，如果是这种情况的话，就应该通过适当的方式进行沟通和交流。通过谈心，不仅可以使各自的想法为对方了解，消除误会，而且还能避免因误解而产生的冲突。

2.女人善妒的心灵处方

嫉妒是痛苦的最大制造者，同时是婚姻的最大破坏者，更是心灵上的一颗毒瘤。

树立正确的价值观。女人的魅力并不是用来和别人进行攀比的，所以女人之间的争风吃醋的行为是有失修养的。因此，当发现别人在某一方面超过自己的时候，一定要告诉自己，自己肯定也有某一方面超过对方。用这种办法树立正确的价值观，就会肯定别人的成绩，并且虚心地向对方学习优点和长处。一个心理健康的女人，不应该常怀嫉妒心，而是胸怀宽阔，光明磊落，即便看到别人在某些方面超过自己，也不会眼红，只会衷心地表示祝贺。

3.女人爱虚荣的心灵处方

虚荣心会让女人失掉性格的本真和原有的可爱，有虚荣心的女人会变得急功近利，甚至心态扭曲。有虚荣心的女人在面对自己成绩的时候总是保持一种玄虚的状态，不愿意让别人知道自己的成功，并且担心别人超过

自己，从而给自己造成威胁。因此，无论是成功之前还是成功之后，虚荣都会让女人的心灵痛苦，没有幸福可言。

如果想成为一个优雅的女人，就抛弃虚荣心。崇尚高尚的人格可以使虚荣心没有抬头的机会，当然，这需要很长时间的心灵修炼。

克服盲目的攀比心理，不让虚荣心作祟。俗话说："人比人，气死人。"如果经常拿自己的缺点去比较别人的优点，心理永远都无法平衡，而在不停地攀比中会滋生强烈的虚荣心。虚荣心强，心理不平衡，很容易让自己建立起来的优雅风度瞬间尽失。跟别人做比较，不如跟自己做比较。跟自己的过去比，跟自己每一阶段的进步程度做比较，就可以知道是进步还是倒退。在自我比较中，找到自己的价值所在。而要想不因为强烈的虚荣心而使自己饱受身心的折磨，就应该追求真善美，做到知足常乐，以平常心看待一切，这样才能让自己的心境趋于平和。

不抱怨的女人最好命

哈佛情商课指出，一个人所具备的心态是积极的还是消极的，往往造成其人生成功或失败的巨大差异。虽然人与人之间的差别不大，但每个人的命运和境遇却可能千差万别。

爱抱怨是一种不良的心态，可是很多女人都爱抱怨。岁月在脸上刻下了皱纹，让女人们感叹青春苦短；在家里操持所有的事情，让女人们感叹生活的劳碌，然后一脸苦楚地向周围人声讨。女友跟男友抱怨，对自己的爱越来越少；妻子对丈夫抱怨，不顾家、不温柔、不爱整洁、习惯懒惰。在女人的生活中，发几句牢骚本来是一种宣泄情绪的方式，可是如果让抱怨成为生活的常态和固定的模式，就会徒增不少烦恼。

试想一位爱发牢骚、常常抱怨的女主人会对家庭产生怎样的影响。如果男人一回家，听到的是女人的唠叨、埋怨和不高兴的喋喋不休，大多数都会不假思索地逃离。所以，抱怨是幸福的敌人，即便一个男人再爱一个女人，面对女人无休止的抱怨，他也会厌倦的。

很多时候，男人在外面遭受了挫折，回家就会向女人倾诉衷肠，这说明妻子是他最亲密、最信任的人，这时候如果妻子不耐烦，喋喋不休地抱怨自己的苦处，就会让彼此原本沮丧的心情雪上加霜。其实，与其抱怨生活中不如意的地方，不如用充满爱意的眼神表达关怀，或者用一杯热茶去抚慰内心，就可能摆脱烦恼，重新燃起对生命的激情。

幸福的女人不抱怨，不抱怨的女人最好命。

抱怨不如改变，抱怨不如修炼。女人不抱怨，悦人又悦己，心宽路也宽。女人不抱怨，机遇跟着来，成功不会远。

所以，女人永远不要怨恨地声讨“凭什么”，而是用阳光心态拥抱快乐，给生命增添色彩，给自己的内心注入欢喜的力量，学会善待自己，让幸福飞扬起来。

1.不抱怨命运，女人可以做命运的主宰者

面对生活，有很多事情不能如己所愿，别人得到了幸运你却与机会擦肩而过，别人获得了成功你却陷入困境，别人一帆风顺你却遭遇不幸……于是，你感叹生活是如此的刻薄，命运是如此的不公。其实，当你有这样的感叹的时候，你已经失去了对命运的掌控权。

女人应该做自己命运的主宰者。即使世界总是不公平的，也没必要去抱怨，不必为自己的得失而大喊不公。与其选择牢骚抱怨、自怨自艾，还不如接受现实，尽己所能去改善生活，改变命运。生命中的许多东西是不可以强求的，那些刻意强求的某些东西，也许终生都无法得到，而不曾期待的灿烂往往会在淡泊从容中不期而至。拥有乐观、豁达的个性和精神面貌，凡事往好处想，以积极向上的心态去面对，就会发现生活其实很公平。

2.不抱怨机遇，幸运垂青勤奋努力的人

也许有时会觉得贫困的生活像枷锁一样困扰着，生活在异国他乡，没有亲朋好友的照顾，无依无靠地打拼。慢慢地这种难熬的苦日子让人不禁牢骚满腹，抱怨不停。抱怨自己不够幸运，抱怨自己能力不足，抱怨父母、老板、朋友甚至上帝。停止你的抱怨吧，让烦躁的心情平静下来。喜

欢抱怨的人在世上没有立足之地，烦恼忧愁更是心灵的杀手。

没有人会因为坏脾气和消极负面的心态而获得奖励和提升。要知道，受到机遇和运气眷顾的成功的人，往往是积极进取、乐于助人并靠勤劳和踏实创造幸福的人。所以，抱怨机遇的不公平，不如主动去寻找机遇，抓住机遇，利用机遇改变自己，实现成功。

3.不抱怨生活，因为不完美才有完善的动力

承认生活不完美的一个好处便是能激励人们去尽己所能让生活更加有滋有味，而不是面对生活中的不完美而自我伤感，顾影自怜。要知道，让每件事情完美并不是生活的使命，正是因为有了众多的不完美，让每个人的生活充满了挑战性。承认不完美，就不必为他人和自己感到遗憾，因为每个人在成长、面对现实、做种种决定的过程中都有各自不同的能力和难题，因为不完美，才会产生完善自己的动力和愿望。

4.用平常心看待一切

怨天尤人，感叹世事变迁，言谈举止表现出来的都是对生活的厌恶，对人生的绝望，相信没有人愿意与这样的人打交道。女人如果总是不停地抱怨，那么生活必定是无趣的，心情也必定是暗淡的。但是，不要抱怨，换一种看问题的方向和角度，凡事以平常心对待，或许就是另一种风景。只要能以平常心面对人生，进而发现生活中的美，人生就有无尽的价值。

在生命漫长的旅程中，每个人都会遭遇挫折和困难，但也正是因此，生命才变得更加丰富多彩。没有人希望自己的一生是在平淡无奇、庸庸碌碌中度过，那么当挫折和困难到来的时候，就把它作为点缀生命旅程中的音符，用平常心去看待，一切就会变得简单起来。

懂得珍惜，心怀感恩

维克多·弗兰克在自家洗手间的镜面上写下的那段话，相信很多人都

不会陌生："我闷闷不乐，因为我少了一双鞋。直到有一天，我在街上见到有人缺少了两条腿。"哈佛大学告诫女人，心怀感恩，学会珍惜，才是对生命的尊重。

有些女人总觉得自己不幸福，这是因为她们不懂得在幸福的时候享受幸福，更不懂得在苦难的时候回味幸福。幸福是勤劳、勇敢和智慧的结晶，它是快乐的时刻，是一种心灵的感觉。

既然幸福是人生中最美好的时刻，那么，我们怎样来享受它呢？享受幸福就要快乐地享受生活。当幸福来临的时候，我们要激情地享受每一分钟，让它像纯净的酒精一样燃烧成淡蓝色的火焰。当苦难来临的时候，我们要经常回味以前幸福的时光，这样我们的心情就会变得愉快，面对困境也就比较乐观，从而能够更好地迎接下一个幸福的到来。我们虽然不能够让自己的每天都充满幸福，但只要我们更积极地把握幸福，我们就有可能拥有更多的幸福。

不要活在过去中或只是为了未来而活，而轻易地让生命由指端滑落。重视现在、把握当下，每天都过着很充实的生活。当我们仍可以尝试时，不要轻言放弃；在我们停止尝试之前，没有任何一件事情是已经结束的。不要害怕承认自己是不完美的；不要害怕面对风险，我们在尝试中学会勇敢；不要说真爱难寻，而将爱排除在生活之外。

我们应该善加投资运用，以换取最大的健康、快乐与成功。时间总是不停地在运转，我们可以努力让每个今天都有最佳的收获。记住别让生命都用在等待之中。等20岁以后，等到大学毕业以后，等到结婚以后，等到买房子以后，等最小的孩子结婚之后，等把这笔生意谈成之后，等到退休以后……人人都很愿意牺牲当下，去换取未知的等待；牺牲今生今世的辛苦钱，去购买后世的安逸。许多人认为，必须等到某个时间或某件事完成之后，再采取行动。

然而，生活总是一直在变动，环境总是不可预知。现实生活中，各种突发状况总是层出不穷，我们永远不知道下一秒钟会发生什么事，刹那间，生命的巨轮倾覆，我们可能就因此闯进一片黑暗之中。

那么我们要如何面对生命呢？我们无需等到生活完美无瑕，也无需等

到一切都平稳时才做，想做什么，现在就可以开始做起。

一个人永远无法预料未来，所以，不要延迟想过的生活，不要吝于表达心中的话，因为，生命只在一瞬间。每个人的生命都有尽头，许多人经常在生命即将结束时，才发现自己还有很多事情没有做，有许多话来不及说，这实在是人生最大的遗憾。别让自己徒留为时已晚的空余恨。逝者不可追，来者犹未卜，最珍贵、最需要实时掌握的当下，往往在这两者蹉跎间，转眼即失。这也道尽了人生如白驹过隙，转眼即失的惶恐。有许多事，在我们还不懂得珍惜之前已成憾事，有许多人，在我们还来不及用心之前已成旧人。遗憾的事一再发生，不断追悔早知道如何如何是没有用的，“那时候”已经过去，我们追念的人也已走过了我们的生命。

不管我们是否察觉，生命都一直在前进。人生并未出售返程票，失去的便永远不再回来。将希望寄予“等到空闲的时间才享受”，我们不知道失去了多少可能的幸福。不要再等待有一天“可以松口气”或是“麻烦都过去了”，才去实现我们的目标或理想。

★一个幸福的女人绝对是一个心情非常好的女人，而一个心情好的女人会调适自己的坏心情，随时给自己一份快乐的好心情。

★爱笑的女人是美丽的，迷人的笑脸是受人欢迎的好面相。爱笑的女人总是显得很有亲和力，无论是热情爽朗的笑，还是不露齿的微笑，都令人心醉神往。

★在历经了生活的艰难困苦之后，依然拥有一颗纯真童心，这样的女人是真正意义上的贵族。

★不懂得知足的女人永远不知道什么是幸福，因为不知足的女人总是看到自己没有的，却从来不想想自己拥有的。而要求越少、知足常乐的女人更容易拥有幸福生活。因为知足的女人有时间去维护感情，珍惜工作，珍惜家庭，珍惜友谊。

心静如水，温婉如春，女人要做情绪的主人

哈佛情商课指明，情绪对人生的成败有着至关重要的影响。对于女人来说，如果无法控制自己的情绪，一生将会因为不时的情绪冲动而受害。而如果做情绪的主人，适时地控制情绪，就不会因外物的影响而患得患失。女人要心平气和，先要从掌控情绪开始。情绪稳定，心静如水，永远呈现给人的是温婉美好的印象，这样的女人生活也一定是风平浪静的，做事也会稳妥顺利。

控制好自己的情绪

哈佛心理学家认为，女人要想把握自己，必须控制好自己的思想和情绪，必须对思想中产生的各种情绪保持着警觉性，并且视其对心态的影响是好是坏或接受或拒绝。乐观会增强你的信心和弹性，而仇恨会使你失去宽容和正义感。如果你无法控制自己的情绪，你的一生将会因为不时的情绪冲动而受害。

情绪往往只从维护情感主体的自尊和利益出发，不对事物做复杂、深远和智谋的考虑，这样的结果，常使自己处在很不利的位置上或为他人所利用。本来，情感离智谋就已距离很远了，情绪更是情感的最表面部分，最浮躁部分，以情绪做事，焉有理智的？不理智，能有胜算吗？

但是，我们在工作、学习、待人接物中，却常常依从情绪的摆布，头脑一发热（情绪上来了），什么蠢事都愿意做，什么蠢事都做得出来。比如，因一句无甚利害的话，我们便可能与人打斗，甚至拼命（诗人莱蒙托夫、诗人普希金与人决斗死亡，便是此类情绪所为）；又如，我们因别人给我们的一点假仁假义，而心肠顿软，大犯根本性的错误；还可以举出很多因情绪的浮躁、简单、不理智等而犯的过错，大则失国失天下，小则误人误己误事。事后冷静下来，自己也会感到其实可以不必那样。这都是因为情绪的躁动和亢奋，蒙蔽了人的心智所为。

情绪误人误事，不胜枚举。一般心性敏感的人、头脑简单的人、年轻的人，爱受情绪支配，头脑容易发热。问一问你自己，你爱头脑发热吗？你爱情绪冲动吗？检查一下你自己曾经因此做过哪些错事，犯傻的事，以警示自己的未来。

如果你正在努力控制情绪的话，可准备一张图表，写下你每天体验并且控制情绪的次数，这种方法可使你了解情绪发作的频繁性和它的力量。

一旦你发现刺激情绪的因素时，便可采取行动除掉这些因素，或把它们找出来充分利用。

控制情绪是否有一个尺度？有没有可能过于强调对情绪的控制，而出现情绪控制过度的情况？我们都熟悉那些不能或者不愿意表达内心感受的人，并且经常会给他们贴一些标签，如“保守的木头人”等。把不善于表达情绪、情感的人当作笑料，取笑他们，是件很容易的事情。同样，众目睽睽之下掉眼泪、哭泣，也不难做到。对于我们来说，应该记住一个普通的规则，那就是：尽管内心有些情绪让你或者他人感到无比的沮丧、厌倦和吃力，但是设法控制住你的各种情绪状态，总是一个更为上乘的选择。

总之，寻求一种平衡的情绪，在情绪的调节过度与调节不足两者之间，就如同有一个金矿那样值得女人去探索，这个金矿的位置要更接近情绪调节过度这端，稍偏离于情绪调节不足。

保持积极的情绪

爱丽丝是个公司职员，一天，回到家时她已筋疲力尽，疲惫不堪。头痛、背痛、不想吃饭，只想上床睡觉。经不住母亲一再要求，爱丽丝才坐到餐桌旁。

电话铃响了，是男朋友邀她出去跳舞。这时爱丽丝的眼睛亮了起来，整个人变得神采飞扬。她冲上楼，换好衣服出门，一直到凌晨3点才回家，她看起来一点也不显得疲倦，而且因兴奋过度无法入睡。

那么，8小时以前，爱丽丝是不是真像她所显现的那么疲倦不堪呢?当然是的。因为她对工作觉得厌倦，亦或对生命觉得厌倦。这世上有成千上万个爱丽丝，你或许就是其中之一。

情绪上的因素比生理上的操劳更能制造疲倦。

乔瑟夫·巴马克博士在《心理学档案》发表了一篇实验报告，说明倦怠感如何制造疲劳。巴马克博士要几个学生通过一系列枯燥无味的试验，结果学生都感到不耐烦想打瞌睡，并且抱怨头痛、眼睛疲劳、坐立不安，有些人甚至觉得胃部不舒服。难道这些都是想象出来的吗?当然不是。这些学生还做了新陈代谢测验。测验显示：当人们厌倦的时候，身体血压和氧的消耗量显著降低。而当工作较为有趣富有吸引力时，代谢现象立刻加速。

这个实验的结论就是：我们的疲劳往往是由于忧烦、挫折和不满引起的。有兴趣就有活力，和唠叨的妻子或丈夫同行一小段路，要比和心上人同行10里路还累!

美国哈佛大学心理学家芭芭拉·弗雷德里克森最近的研究成果指出，积极的情绪可以开启人类的心灵，使其朝更多的方向发展；也就是说，积极思考的人比消极思考的人拥有更多的选择和资源。如果女人能够不断保持积极的情绪，那么不论做什么事效率都会比较高。

1.消极的情绪更具有强迫性

人类偏向消极情绪的部分原因是，许多问题比积极因素的强化更具有强迫性。

2.负面的情绪会限制思考能力

负面的情绪会限制我们的思考能力，例如看到一只不怀好意的大狗向你冲过来，你会立刻产生这只狗可能攻击你的负面想法。若没有这个有意识的念头，你可能不会主动设法保护自己。如果你想象这只狗即将攻击你，你全部的意识就会集中在如何全身而退的问题上。

3.积极的情绪可以开启思考

如果女人充满喜悦，各种可能性都会存在。在这种情况下，女人可以四处玩乐、玩笑，享受幻想的乐趣，在情绪上、心智上、社交上尽情开放。“危险”在充满喜悦的情境下，是毫无立足之地的。

4.积极的情绪可以调节负面的情绪

以喜悦代替愤世嫉俗，可以协助女人怀着更满足的心态完成工作。

5.积极的心情往往会产生更具创造力的思考，更具诱导性的推理能力(解决问题)，以及更有弹性的行事方法

如果你把世界看成是积极的、安全的和充满乐趣的，你就可以积极地

解决问题，并发现新的解决途径。

以积极的情绪代替负面的心理状态，必须从认知开始着手，其次才是有意识地转换或改变情绪。在不同的心理状态之间来回转换，是改变情绪的重要技巧之一。

摆脱压抑和郁闷的心境

一次在火车的餐厅上，有位太太身上穿着名贵的毛皮大衣，上面缀着璀璨夺目的钻石，然而不知是什么原因，她的外表看起来却总是一副不悦的样子，她几乎对于任何事都表示抱怨，一会儿说“这列车上的服务实在差劲，窗没关严，风不断地吹进来”，一会儿又大发牢骚“服务水准太低，菜又做得难吃……”

不过，她的丈夫却与她截然不同，看上去是一位和蔼亲切、温文尔雅且宽宏大量的人，他对于太太的言行举止似乎有一种难以应付而又无可奈何的感受，也似乎相当后悔偕她旅行。

他礼貌地向沉默的同车人打了个招呼，并询问其所从事的行业，同时作了一番自我介绍。他表示自己是一名法律专家，又说：“我内人是一名制造商。”此时，他脸上有一种奇怪的微笑。

听完他所说的话，那位同车人感到相当疑惑，因为他的太太看起来一点也不像个实业家或经营者之类的人物。于是，那个同车人不禁疑惑地问：“不知尊夫人是从事哪方面的制造业呢?”

“就是‘郁闷’啊，”他接着说明，“她是在制造自己的郁闷。”

这位先生的确很贴切地道出了实际情况。

和那些风华正茂的青春女孩相比，都市“郁女”处于女性生活的高层，享受的生活机遇比一般女人充分——教育机遇、职业机遇、婚姻机遇、晋升机遇、获得高报酬机遇等。按说这样的女人应该是最快乐的，然而生活中最常听到她们诉说的词，竟是“郁闷”。

哈佛大学经过实验充分表明，女性比男性更容易沉溺于忧思苦想，所以也更容易陷入悲伤和抑郁。这也从另一个方面解释了为什么女性抑郁症患者如此之多。

转移注意力能够有效改变不愉快的心情。如看一场精彩的体育比赛、看一场喜剧、读一本轻松愉快的书等。为排解通常的悲伤气质，许多人也采取阅读、看电视、看电影、玩电子游戏、猜谜、睡觉、胡思乱想等做法。

还有一些有效抑制郁闷的方法：如进行体育锻炼；洗个热水澡；吃点美味佳肴；听听音乐；上街买点小玩意儿；吃点东西；换一身好衣服；理个新发型。

千万不要用猛吃一顿、酗酒或吸烟的方式来排解。猛吃一顿的女人，事后常常后悔吃得太多；酗酒吸烟使男人的中枢神经受到抑制，气质更加消沉。

女人还可以通过做一件事情，取得一个小小的成功。如处理好家里某件拖延已久的杂事，或趁早做完打算要搞的清洁卫生。这些事情很容易做成，做成之后，你会高兴一些的。

比起以上这些，消除抑郁的最好方法是换个角度看问题。当一个人失恋的时候，就产生了自怜自怨的想法，认为自己从此将无依无靠。这个时候，如果换个角度，想一想这段爱情，对自己也许并不那么重要呢！也许分开了才是好的，不分开反而不好。

抑郁症患者气质低落的原因就在于沉溺于自己的苦闷中，如果移情于他人的痛苦，热心帮助他人，就能把自己从抑郁气质中解脱出来。

每天保持好心情

每个人都会有愉快的时候。女人生理周期中每一个月都有那么几天是

情绪低落时期，情绪不好有时会让我们把自己积累了许久的印象、计划、工作毁掉或损伤。

如何克服坏心情呢？最好的方法就是把心里话说出来，尽管有时候周围没有人在听你说话，现在各地都有许多“心理热线”之类的机构，这些机构最大的宗旨是维护人的心理健全，让人保持一份好心情，这种做法在心理学上称为“宣泄”，是一种心理防御机制。

还有一种更重要的方法叫“自制”。自制同样是一种心理防御机制。柏拉图说：“就人本身而言，最重要与最重大的胜利是征服自己。”

现代医学也为我们克服坏心情提供了很多镇静剂、抗忧郁剂，这为我们的坏心情得到排解起到了很多的作用。

更为可喜的是现代人发现了对付坏心情的一些非药物性方法：

1.运动

在各种改变心情的自助技术中，以耗氧运动最能消除坏心情。研究人员强调指出，由于化学和其他的各种变化，使运动可与提高情绪的药物相媲美。家务劳动等体力活动的效果很差，关键在于做耗氧运动，如跑步、骑自行车、快走、游泳和其他重复性持续运动，可以增加心率加速血液循环，改善身体对氧的利用。这种运动每次至少进行20分钟，每周进行3~5次。

2.穿亮色衣服

哈佛大学有研究者称，就像维生素是身体的营养品一样，颜色也可以成为精神的营养品。为消除烦躁与愤怒，避免接触红色是有好处的，为了抗忧郁不要穿黑色、深蓝色等使心情沉闷颜色的衣服，也不要置身于这种颜色的环境之中。应该寻找温暖明亮积极的颜色，以使心情轻松。为减轻忧虑与紧张，应选择中性的颜色，以取得镇定、平静的效果。例如，医院常用柔和的主色，以使病人安静。

3.听音乐

音乐对不好的心情有治疗作用，应当根据等同心情原则选择音乐。如果心情忧郁，就应选择忧郁的音乐。虽然，这似乎增加您的忧郁感，但这是改变心情的第一步，可以选用一小段音乐，逐步把原有的心情导向所要求的心情。

4.做个开心的吃货

食物与心情有着重要的联系。糖类食品是有安慰作用的食品。单吃糖类食品有镇静作用，这是因为糖类食物刺激脑组织产生的元素可使我们感到平静和松弛。50克糖类食物已足以引起安静效应，爆米花、咸脆饼干等低热量糖果食品，与油炸圈饼、油炸土豆片等致肥食品有同等的镇静作用，蛋白类食品使人维持警戒状态和精力充沛。在这方面，最好的蛋白质食品是甲壳类、鱼类、鸡、小牛肉和瘦牛肉，吃100克左右就可有效。

高咖啡因摄取也参与心情的变化。对比试验发现，对某些人来说，高咖啡因摄取与抑郁、烦躁和忧虑的加深有密切关系。

5.增加照明

哈佛心理卫生研究所发现，有些人易发生冬季忧郁症，这是一种季节影响病，是因缺少光照引起的。只要每天增加2~3小时荧光灯人工照明，心情就会好起来。

这些方法大家不妨试一试，或许会让我们的心情不自觉地变好了。

学会给自己减压

哈佛大学的伯恩斯教授进行了一项调查，作为他研究工作效果和情绪健康的一个环节。他向150名每年收入1万~15万美元的推销员提出一系列问题，结果发现，他们之中约有40%是属于追求完美的人。可以预料的是，这40%的人所受的压力，比其余那些不追求完美的人要大得多。

面对社会，没有一个人可以轻松地说，我没有压力。事实也是如此，竞争的日益激烈，让我们的压力丝毫无处不在。于是抑郁、亚健康、神经紧张、失眠等症状也越来越多地走进了人们的生活。我们被头痛、消化不良、精神不佳、失眠等痛苦折磨着，然而当我们真正走进医院时，却发现

我们又没有得什么病症。这时候或许心理医生可以告诉你真正的原因：你该为你的心灵减肥了。

压力，它让我们每一个人都感到紧张并能够不断奋进。适当的压力是理想的，它可以激励我们不断转化成前进的动力。但是近几年的研究报告却告诉我们，压力过多已经不是少数人承受的现象了，越来越多的人成为了过大压力的受害者。

尤其是对于年轻女性而言，处于奋斗时期的她们，往往处于一种焦虑状态。过高的焦虑指数不但不利于她的成长，反而会妨碍她的工作和生活。对于她们而言，压力的来源有两种，一种是工作压力，一种是心理压力，而往往是工作压力的加重直接导致了心理压力的升级。正常的压力是对的，可怕的是重压之下，个人的工作状态就会受到负面影响，从而使心理问题也陆续出现。

玛莎从大学计算机系毕业后在一家金融软件公司里做软件工程师助理，很快上级便分配了给她一个较大的项目，这个项目对她而言是至关重要的：做的好就可以转正并且待遇升级，否则便有卷铺盖走人的下场。

接下这个项目以后，玛莎没日没夜地查资料，读程序，连续好几周没有放假，晚上即使睡觉也总是睡不踏实，几乎到了废寝忘食的地步。经过一个月的努力，她的工作终于迎来了尾声，而她的健康同时也亮起了红灯。

如果不学会给自己减压，那么肯定也会走上相同的路径。面对压力，首先不要惧怕它，要学会把它看轻，看淡；压力无非是一种心理反映，它就如同纸老虎一般，你越是惧怕它，它反而越是强大；另外，减轻心中的压力，关键就是要把自己的心态调整平衡。在工作中遇到工作量大、难度高等困难的时候，要保持乐观、积极的心态，不能悲观、消极，这样不但不利于工作的进行，反而会由于心理疲惫而延缓工作进程。

减压不是放弃对工作、生活的认真程度，而是主观地改变自己的心态，从而乐观地面对它们的一种生活方式。

女人尝试给自己减压，可以从以下几个方向着手：

首先，寻找自己的人生爱好，通过那些令自己愉快的爱好，能够让自

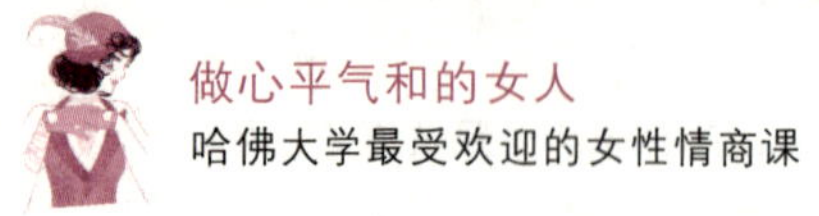

己放松下来。

其次，学会合作和授权，每一个人的能力都是有限的，如果事事躬亲，那么不但压力巨大而且效率、成果也不见得好，所以当遇到巨大的工作量或者生活问题时，首先冷静下来分析分析，是不是可以借助他人的力量完成，如果一股劲儿傻傻地往前冲，是不明智的。磨刀不误砍柴工在当今依然适用。

再次，学会休息，工作一段时间以后要学会放松，出去走几分钟或者闭目养神、听听音乐，不但有利于体力的恢复，而且还可以提高你的工作效率。积极地参加体育锻炼，身体才是革命的本钱，一个健康的身体是快乐人生的前提。如果你已感到压力过大，你或许可以考虑打一场篮球，考虑登一次高山，考虑做一次远足，这些都是既放松身心，又利于身体的选择。

人生下来不是为了工作，而是为了生活，所以无论多么忙碌，也要为自己的生活保留出一段时间。在这段固定的时间中，你可以放松地倾诉，缓缓地散步，哼一段小曲，听一首歌，让自己在这段闲暇时光中体会生命的美好，这样你的忙碌才能更有价值。学会减压，才会更加懂得如何生活。

提高情感的自控力

哈佛大学的研究人员用两组儿童做过一个“糖果实验”：研究人员把4岁的小孩一个接一个地带进房间里，并把一粒糖放到他们面前的桌上，告诉他们：“你们现在想吃这粒糖，就吃。但如果你们能等我出去办完事回来后再吃，那你们就可以吃到两粒糖。”

大约14年后，当这些孩子高中要毕业时，研究人员再次把那些马上就吃掉糖果的孩子与等待老师回来得到两粒糖的孩子相比较。相比之下，前一组孩子更容易被压力压垮，动辄就生气发怒，常与人打架斗殴，追求自己的目标时抵制不住诱惑。

最令研究人员吃惊的是意外发现：与抵制不住糖果诱惑的孩子相比，那些能等待的孩子在总分为1600分的大学升学考试中，比平均成绩高出210分。

这些孩子在长大成人、走上工作岗位之后，差异更加明显。那些在童年就能抵制糖果诱惑的孩子到他们二十八九岁时，学到了更多的知识和技能，做事更专心，更能集中注意力，更能建立起真诚且亲密的人际关系，办事更可靠、更具责任心，面对挫折，也显示出较强的自控力。

相反，那些在4岁时就不能控制自己，迫不及待抓糖吃的孩子在这时的认知学习能力较差，情感能力比那些能控制自己的孩子更是差了一大截。他们较孤独，办事也不令人放心，做事不专心，在追求目标时，只顾眼前的满足。遇到压力时，他们的承受力或自控力都较差，也不知临机应变，而是重复做些无用功。

如果被情感冲动所控制并达到一定程度时，人们在工作记忆中留给注意力的空间就非常小。对学龄儿童来讲，就可能是不专心听老师讲课、不认真读书及完不成家庭作业。如果这种情况持续下去，年复一年，学习成绩自然就差了，大学升学考试成绩当然也可能差一大截。对参加了工作的人来说，同样如此。冲动与注意力不集中阻碍了学习或适应能力的发展。

情感自我调节不仅包括缓解痛苦或抑制冲动，而且也指根据需要能有意识地激发出一种情绪，有时，甚至是一种不愉快的情绪。例如，医生要告诉病人或其亲属不幸的消息时，他们往往把自己也置于一种忧郁、难过的心情。同样，殡仪馆的殡葬员在与死者家人见面时，也使自己表现出一种悲伤难过的神情。在零售或其他服务业，到处都要求服务员礼貌友好地接待顾客。

有人认为，若要求员工表现出某种情绪，实际是迫使员工为了保住饭碗，不得已而付出的一种沉重的“情感劳动”。如果老板命令员工必须表现出某种情绪，结果只会使员工自然表露出来的情绪与其要求背道而驰。这种情况叫做“人类情绪的商业化”，这种情绪商业化表现为一种情感专制的形式。

如果仔细地考虑一下，就会发现这种观点只说对了一半。决定其情感劳动是否沉重，关键在于人们对自己工作的认同程度。如一个护士自己认为应当关心他人和富于同情心，那么，对她来讲，花些时间以沉痛的心情体谅患者就不会是包袱，而且会使她觉得自己的工作更有意义。

情绪自我调节的观点并不是说要否认或压抑真正的情感。例如，“坏”心情也有其用处。生气、沮丧、恐惧都能成为创新力量或与人接触的动力。愤怒可以变成强有力的动力，特别是希望消除不公正或不平等时。共同分享悲伤，可以使人们凝聚到一起。只要不被焦虑所压垮，因焦虑而产生的急迫心情也可以激发人们的创新热情。

情绪的自我调节也不是要求过度压抑或控制一切情绪和自发的冲动。事实上，过分压抑会造成身体和心灵的伤害。人们在克制自己的情绪，特别是很强的消极情绪时，心跳会加快。这是紧张增强的一种征兆。如果长期这样情绪压抑，就会干扰思维，妨碍智力，影响正常的社交往来。

影响情绪增长的一个重要因素，是内心的自我对话。当遇到麻烦时，我们也许会陷入一系列的愤怒思考中，例如，责备、怨恨或作出“我要报复你”的回应。为了有效地制止这些消极的回应，应该尽快对这些不健康的想法亮“红灯”，使自己的心灵迅速进入平静状态：

(1) 回忆你过去曾经经历过的愤怒时刻。重新体验你当时的所有思想、情绪和行为。

(2) 想象你的面前有一个巨大的红灯，在你的内心世界里大声疾呼“停止!”

(3) 现在做一个深呼吸，想象自己正在把所有的消极念头和情绪都吐出去。

(4) 想象自己越来越平静，放松片刻。在这种安宁的气氛中走进自己的身躯，重新体验你在愤怒时曾经拥有的想法、情绪和行为。

(5) 如果需要，反复做这一练习。

女人不要毁在优柔寡断上

哈佛大学社会心理学家曾做过这样一项实验：

他们选择了几位平常非常喜欢逛街购物的女性，然后将她们各自购物表现出来的情绪和心理反应记录下来。结果发现，这些女人在买东西的时候习惯于东挑西拣，左顾右盼，拿起这件放不下那件。某个女人为了买一件衣服，在一家服装店进出好几次，却迟迟做不出“买”还是“不买”的决定。面对着两件款式、价钱、质地没有多大差异的服装，她会花很长时间认真思考，仔细地挑选。可见，女人大多都存在一个共同的心理问题：遇事情优柔寡断，面对选择很难做出决定。

有很多大龄女人，在爱情面前成了剩下的果实，原因并不在于她们的条件有多差，她们的眼光有多高，而在于她们在选择结婚对象时三心二意。她们觉得这个不够老实，那个又太花心；这个高大帅气，但手头没有存款；那个老成稳重，有房有车，但是整天埋头工作，时常沉默寡言……挑来挑去，就没有感觉了，到最后干脆不考虑这个问题了。

这些女人遇到问题时很容易瞻前顾后，犹豫不决，前一分钟这样想，掉转头又改变了主张，不知道到底怎么办才好。她们很难做出决定。

有这样一则笑话：一个女人走进邮局，要了一张电报纸，写完后扔了。接着，她又要了第二张，写完后又扔了。第三张写好后，她递给报务员，并嘱咐尽快发出。这个女人走后，报务员对这三份电报稿发生了兴趣，都捡起来看了一下，只见第一份上写着：“一切都结束了，再也不想见到你。”第二份上写着：“别再打电话，休想再见到我。”第三份的内容是：“乘最近的一班火车速来，我等你！”

这虽然是一则笑话，却反映出了很多女人的性情。生活中，态度暧昧，温温吞吞，总也拿不定主意……这类词语，似乎是专为女人而设。许多女人的行为，确实都会反映出类似的特点。

为什么有些女人在遇事时容易反反复复，不知道该这样还是那样，即使决定好的事情也会容易动摇呢？造成她们缺乏果断性的原因，大致有以下几个方面：

1.性格特征

一般来说，优柔寡断的女人大多性格内向、自我封闭，与外界疏于交流，而且缺乏自信，感情脆弱，易受暗示、过分谨小慎微。在集体中随大流，很看重别人的说法和意见，心理压力大，而且不能摆脱。她们太过于患得患失，归根结底，还是缺乏安全感。

2.认知障碍

对问题本质缺乏清晰的认识，也是遇人遇事拿不定主意并产生心理冲突的原因。优柔寡断多发生在年轻女性身上，这是因为她们涉世未深，处世经验不足，对一些事物缺乏必要的知识和经验。

3.心理阴影

一朝被蛇咬，十年怕井绳。一旦遇到类似的情境，就会产生消极的条件反射，踌躇不已。这类女性往往过多地错误总结了失败的教训，内心多有痛苦的经历，很少有成功的体验。所以，她们对什么事都不敢轻易做出决定，显得左右为难。

4.缺乏实践和锻炼

有些女人从小养成了依赖性，凡事都听别人的意见，缺乏独立性、自主性和锻炼的机会，以及判断是非的能力，分不清主次和轻重缓急，往往会反复考虑，反复动摇；从小家教过分严格，她们在长大后也会左右徘徊，循规蹈矩，不敢越雷池半步。

当断不断，必受其乱。优柔寡断不仅会使你在机遇和成功面前错失良机，影响自身的进步和发展，而且还会给你带来强大的心理压力，形成恶性循环，以至于心情郁闷，苦恼不堪。

不要让愤怒成为情绪常态

哈佛大学给渴望成功的人士提出一条法则：成功者必懂得自律。因为只有真正地控制住自己的人，才能掌控别人。

气愤并不一定是一种“不好的”情绪。当感到被冤枉或受到不公平待遇时，气愤就会油然而生。但是，当我们所认为的不公平也许是一种误解的时候，气愤也可以导致破坏和暴力。一些别有用心的人可以煽动别人的气愤情绪，使他们缺乏做事的理性，随时准备攻击别人。

气愤的合理运用可以赋予我们战胜邪恶的力量和动力，可以使我们勇敢地和霸权作斗争，让这个世界变得更美好。但当我们失去了理智和思考的能力，当我们被气愤冲昏头脑时，气愤就遭到了不合理的运用。这就是所谓的盲目的气愤。我们往往会气愤得根本不知道自己是故意搞破坏，不知道自己正在对任何人、任何事都毫无理由的发火。

气愤也是有代价的。气愤可以通过多种形式损害我们的健康。如果在生活中，女人常常爱生气，对别人愤怒地颐指气使，或者莫名其妙地发脾气，相信没有人会喜欢和接近她。

哈里的同事听说新来的丹妮尔被提升而哈里没有得到提升时，都感到非常生气，愤愤不平。他们说：“哈里是最了解业务的人，这个新来的什么都不懂。”“这只不过是为了换换口味罢了——她是个女人，是少数，所以才会得到提升。”同事们都跑到哈里的办公室里抱怨个不停，但是，大家却惊讶地听到哈里说：“伙计们，冷静点。我没有一点不开心。她是真正合适做这份工作的人。上周，老板和我已经就这件事进行了长谈。丹妮尔在这方面很有资历。”

接纳自己的情绪，与你的情绪状态一起投入到工作中，而不是沉浸在情绪状态中无法自拔。当一种情绪产生时，与其想着“我必须现在处理自己的情绪”，或者“我必须把压在胸口的情绪发泄出来”，倒不如试着换一种思维方式：“我真的要现在就处理自己的情绪吗？”或者“我真的要处理自己的情绪吗？”又或者“我如果现在处理自己的情绪，要付出什么代价？”通过延迟获得满足，抑制你的冲动，你实现了对自我进行良好的控制。所以，在与那些一遇到各种情绪、本能驱使就马上陷入其中、无法自拔的人相比较的情况下，你的优势立刻就体现出来了。

女人控制愤怒情绪的诀窍：

1.延迟评判，抑制冲动

你越挑剔，你就会发现有越多的事情让自己感到生气。如果你偶尔延迟对事情发表意见，而不是马上给予判断，那么你的生活肯定会轻松简单很多。

当然，如果加以正确合理的引导，我们的各种本能可以给我们的生活带来许多开心无比的瞬间。例如，一些朋友带着礼物不期而至，他们是想为彼此多年的深厚友谊庆祝一番。也许当时你的反应是，不加思索地把自己珍藏多年的佳酿拿出来与朋友分享；接下来发生的便是让人感到非常美好的一晚。

2.搁置问题，转移注意力

当人们被激怒时，通常身边的人会劝他们说“别把事情放在心上”，无论是什么让他们感到不幸、忧伤，都要把注意力从那些事情中转移出来。实际上，这是在建议他们“把问题先搁在一边”，如果实在没办法，非处理不可，那么等他们的情绪平静下来，心情好一些时再回来解决这些问题。

3.坚定果断而非盛气凌人地表达自己

硬起心肠让自己变得坚定果断一些，不屈服于害羞、难为情等不良情绪，也是一种有效的调节方法。一旦你学会坚定果断地表达自己，很快就能形成一种习惯，从而让他人能够更好地明白你、理解你，这在某种程度上看来，具有相当的解放意义。因此，沉着冷静并有礼貌地说出你的想法，会让你觉得在情感上好受一些，更有力量一些。

4.顺其自然，对事情不要过于强求

为了让自己的情绪保持安宁稳定，你最好能够认清事实，并且接受事实。对事情过于强求，有的时候一点意义都没有。因为你越是强求，你就越会觉得沮丧。比较聪明的一种应对方法是，重新检查一下自己制定的各个目标，并且看看你寻求达到这些目标的途径是否恰当。条条大路通罗马，实现某个目标可以同时存在不同的解决办法。所以，改变你现在的处事方式可能是一个更好的选择。

5.无论在什么时候都要尽量让自己保持一种均衡感

在我们的日常生活中，有许多决策都是在没有充分考虑后果的情况下作出的，所以，如果最后决策的走向与自己的预期或意愿并非完全一致的话，也并不值得为此焦躁不安。如果你属于那种对任何事情或所有的东西都盯得很紧，并且总是对达不到自己的要求、不符合你的心意的状况感到无比沮丧与生气的人，那么请尽量让自己变得随和一点，这样你将会发现自己在情绪上的损耗和激怒会减少很多，你也能更加深刻地体会到顺其自然的随意和轻松。

从感情波动中回归平静的生活

台湾地区著名女作家三毛小时候是一个勇敢而活泼的女孩儿。12岁那年，三毛以优异的成绩考取了台湾地区最好的女子中学——台北市立第一女子中学。在初一时，三毛的学习成绩还行，到了初二，数学成绩一直滑坡，几次小考最高分才得50分，三毛很有些自卑心理。后来发生的一件事，彻底改变了三毛的人生轨迹。

有一次考试，由于题目难度很大，三毛得了零分，老师对她非常不满，还在全班同学面前羞辱了三毛。只见这位数学老师拿起蘸着墨汁的毛笔，叫三毛立正，非常恶毒地说：“你爱吃鸭蛋，老师给你两个大鸭蛋。”老师用毛笔在三毛眼眶四周涂了两个大圆饼，因为墨汁太多，它们流下来，顺着三毛紧紧抿住的嘴唇，渗到她的嘴巴里。老师又让三毛转过身去面对全班同学，全班同学哄笑不止。然而老师并没有就此罢手，他又命令三毛到教室外面，在大楼的走廊里走一圈再回来，三毛不敢违背，只有一步一步艰难地将漫长的走廊走完。这件事情使三毛丢了丑，她从此不肯踏进校门一步，整天躲在家里自己的小屋内，不肯出来见人，因而患上了少年自闭症。

少年自闭症影响了三毛一生，在她成长的过程中，甚至在她长大成人之后，她的性格变得脆弱、偏颇、执拗、情绪化。这样的性格对于她后来的作家职业可能没有太多的负面影响，但却严重影响了她人生的幸福。1991年1月，三毛在台北自杀身亡，这与她的性格弱点有关。正是因为三毛的性格，才导致了她那可悲的命运。

对于12岁时的丢丑事件念念不忘，使三毛形成了不好的性格，也是造成她一生悲剧的根源，如果她能忘怀，幸福快乐地过一生也未可知。

从三毛的经历来看，对于一些不愉快的往事和不值得一提的小事，以及没有意义的琐事，我们就应及时地忘掉，别放在心上，以免伤害自己。同时，只有既往不咎的人，才可甩掉沉重的包袱，大踏步地前进。

“你好吗？”“我很好。你呢？”“我也很好。”当我们的情绪处于稳定状态时，会这样回答。反之，当情绪出现波动时，比如惬意到不惬意，从容到极为激动，那么我们的回答就可以是我很“快乐”或我很“害怕”。感情的稳定和波动可以告诉我们，即将发生危险还是平安无事。

如何才能知道能够引起强烈感情波动的事物是什么？哈佛大学实验证明，要找到答案，需要从分析自己的感觉开始。例如，想一想什么事情让你感到烦躁或伤心？试着想想你最后一次产生这种感觉时的情况。

生活中，我们常常会表现出以下几种感情状态：

担忧、焦虑和恐惧，可以告诉我们不好的事情正在发生或即将发生。这些代表危险的感情，必须得到我们的注意。恐惧往往指将来的事情，即预见到糟糕的事情即将发生。恐惧的感情出现时，会伴有不安的感觉。长期的、一般的害怕就造成了焦虑。人出现焦虑时往往觉得会发生麻烦的事情，感觉起来就像是精神的慢慢衰竭。当没有潜在的威胁而我们仍然感到

焦虑，当焦虑变成了一种长期的状态，我们就不再仅仅是体验这种感情了，而成为一种叫焦虑症的疾病。

我们喜欢的东西被夺走了，我们会为这种失去感到悲伤。悲伤可以让我们产生这样的想法：我们想要的东西不会再有了。我们感到悲伤时，最需要在最关键的时刻得到别人的支持和帮助。

羞耻意味着你没有实现自己的个人理想或价值，因此，羞耻和愧疚的感觉有相似之处。但在这两种感觉之间还存在着重要的不同点。当我们失败时，会感到愧疚；但是，我们是把导致失败的原因归结在自己身上、羞耻时却存有推卸责任的意识。羞耻和愧疚的另一个基本不同点在于注意的重点不同：在感到愧疚时，人们把感情的重点放在了动作上："看我做了什么。"但是，在感到羞耻时，重点则被放在了个人的失败上："看，我做了什么"。

当我们意识到自己违反了社会准则或禁忌时，我们会感到窘迫。窘迫是一种复杂的感情，它包括羞耻和愧疚。同时，你的错误被大家发现时，窘迫中也会包含着一些惊讶。感觉到窘迫、羞耻或愧疚有什么作用呢？这样的感情会让我们感到很难受，周围的其他人也会感到不舒服。但是，窘迫的感情发挥着重要的作用——防止暴力和争执的发生。如果我们无意间说了什么话或做了什么事让他人感到不愉快或伤害了他人，那么被伤害的对象也许会生我们的气。

以上几种感情表现能够反映我们与周围环境的关系。那么，这里的信息可以告诉我们引起感情的事件。了解感情产生的根本原因，我们就会对各种事件平静地处理和看待。假设你不断地失去工作，在每一份工作失去以后，你都首先会感到震惊，继而是伤心，最后会感到气愤。但是，无论是什么样的感情波动，都会过去，随着时间的发展会渐渐平息下去。等到感情恢复之后，我们又会回到平静的生活当中。了解了感情变化及其规律，表明我们正在逐渐变得成熟。

哈佛女人情商课

★女人要想把握自己，必须控制好自己的思想和情绪。如果你无法控制自己的情绪，你的一生将会因为不时的情绪冲动而受害。

★如果你把世界看成是积极的、安全的和充满乐趣的，你就可以积极地解决问题，并发现新的解决途径。

★减压不是放弃对工作、生活的认真程度，而是主观地改变自己的心态，从而乐观地面对它们的一种生活方式。

★接纳自己的情绪，与你的情绪状态一起投入到工作中，而不是沉浸在情绪状态中无法自拔。

★无论是什么样的感情波动，都会过去，随着时间的发展会渐渐平息下去。等到感情恢复之后，我们又会回到平静的生活当中。

肯定自己，自尊独立，女人先爱自己再让别人爱你

来自哈佛大学的一个研究发现，一个人的成功85%取决于有坚定的自信心，15%取决于智力等其他因素。自信是女人展现自我的最大力量。如果你相信自己是一位王妃或者非凡人物，并付诸努力，终将获得成功、幸福、健康，并且完成梦想和目标。自信的女人无畏人生，会根据自己的想法和个性选择生活，而不是活在别人的眼光里。自信的女人肯定自己，自尊自爱，会充分利用自身的优势而赢得众人的喜爱。

女人首先要好好爱自己

哈佛高情商课给女人的又一则重要启示是：爱人先爱己。女人只有爱自己才能值得别人爱。

有人说爱情中的女人都是傻子。的确，女人在爱情面前会失去理智，所以，女人一定要走出这个魔咒。

在生活中，我们时常遇到这样的事情，隔三差五地会有朋友向你哭诉："为什么啊？我对他那么好，为他付出了那么多，可是他最后还是要离开我？"此时你反问哭诉者，那你可不可以不要对他那么好呢？她说："我做不到，我爱他胜过了爱我自己。"好了，我们已看到问题的症结所在了，一个连自己都不爱的人，她的爱还会有多少生命力？

一个不爱自己的人，是没有资格去爱别人的！因为那样的"爱"没有品质、没有内涵、没有深度！被你"爱"的人终究会被"爱"得窒息或逃离而去！

"如果爱有十分，那么你要控制自己只可给出五分，只有可进可退才是安全的。"这是陶陶的语录。在旁人看来，她是一个乖巧玲珑的女人。来往的男人让陶陶有好感的不时会有，但她一旦确认对方并不配全权托付，便会很小心地绕开"雷区"，让好感只停留在好感之上。一点点爱意，浅尝辄止，是情感空虚时的填充物，在人特别孤寂的时候，这样零打碎敲的感情依靠，也能给她带来某种安慰。

别误会，这并不是在唆使女人不认真对待感情，玩弄感情，只是想告诉女人，无论你是天鹅还是丑小鸭，首先只有好好地爱自己，才有资格得到别人的爱。每一个女人，都是一道风景，都值得拥有一份属于自己的爱情和天空。等不到可以爱的人，孤单也是一种享受，自己亲手为自己煮一杯咖啡，也会得到香醇的温暖。

当然，让女人好好爱自己并不意味着女人不需要理智。女人在好好爱自己的同时，还要相信他深情款款地握着你的手说“我爱你”，但你也要明白，这个“我爱你”是有保质期的，前提就是你必须在有限期前很好地使用。

尤其是当你过了25岁后，谨慎对待那些年轻小弟弟们，因为女人容易被年少特有的痴狂和执著所感动。

因为他每天的上下班接送，纯净坦率的嘘寒问暖，或者为了你轻轻的一句想吃什么东西而半夜跑遍所有商店，这种种行动，打动了你寂寞的芳心，让你感到了久违的温暖。然后，慢慢地开始让自己相信其实年龄不是问题，思想没有差距，财富可以拉近距离。

如果你不想在你人老珠黄的时候，蓬头垢面地对着镜子空叹白白地为他人作嫁衣，看着自己昔日一手调教出来的男人，今朝成了某个年轻女人温柔体贴的老公，那你最好不要去轻易尝试这种在主观和客观上都没有太高安全系数的游戏。

除非你真的是“万人迷”，否则，还是宁愿当个平凡的“结婚狂”来得实在。

当你过了25岁，千万不要和已婚男人纠缠不清。已婚的有钱男人，除了已经具备情场高手猎艳的特性以外，他同时可以做到家里外头两不误，在家是绝对的好老公、好爸爸，在你面前则是绝对的好情人。同时对几个以上的漂亮女人大献殷勤，见缝插针更是他们的看家本事。

女人要懂得，不滥用自己的感情。爱情其实是两个人的战争，不仅需要“全心”地投入，更需要“智慧”地参与。女人要明白“自己应对自己100%负责”，信任“自己有照顾自己人生快乐与幸福的能力”；承诺“不把自己人生快乐幸福的控制权交给别人”。

总之，身为女人，当你爱上一个男人时，先别任由爱意泛滥，要先问：“我爱不爱自己？”

先认识自己，再讨论生活

当我们在生活中迷惘的时候，我们首先做的不应当是讨论生活本身的公平与否，讨论自己的机遇好坏与否，我们这个时候最应当做的是研究自己，从而认识自己，真正了解自己的内心世界，了解自己的信念并且坚定自己的信念。

毫无疑问，研究自己的目的就是更清楚地认识自己，找到与自己的素质相对应的目标，凭着自己素质上的信号找到这一目标后，才能攻其一点，攻出成果，由此及彼，不断扩大。认识你自己，找到最适合你的位置，开发属于你的领域，这是走向成功的一条捷径。这是哈佛情商课中的一个重要内容。

奥黛丽·赫本是20世纪最受世人喜爱与争相模仿的女性之一，在她成为电影演员的时候，好莱坞中就已经有了一个名为“凯瑟琳·赫本”的超级女星。当时，导演曾劝奥黛丽·赫本改名字，以免别人会将她与凯瑟琳·赫本进行对比。此外，一个小小的好莱坞中有两个赫本也并不是一件好事，而且凯瑟琳·赫本当时已经是著名的演员了，这对奥黛丽·赫本很不利。可是，奥黛丽·赫本却充满自信地对导演说道：“不，我一定要用真实的名字。”

“那是为什么？”

“因为我就是奥黛丽·赫本。”

奥黛丽·赫本是一个自信而有魅力的女人。她能够得到众多观众的欢心，主要是因为她对自己的热爱。

哈佛大学研究显示，人的智商、天赋都是均衡的，或许你在某一方面有优势，但不一定在别的方面能够赢过人家。客观地认识你自己，知道你自己的长处，找到自己的发展方向，走一条适合自己的路，这对于你的成

功有着事半功倍的效果。相反，如果你在一个你不擅长的方面辛苦拼搏，成效可能不会很大，甚至无功而返。

人首先应该给自己一个定位，自己到这个世界上来究竟是干什么的，必须有个十分清晰的描述，离开了这个描述，人就会迷茫，就会失去前进的方向，就会在一个个十字路口徘徊，这样的人生是没有意义的。

认识自己，是非常困难的。但对自己有一个正确的认识，是做人的一个最起码要求。

美国心理学家乔（Jone）和韩瑞（Hary）提出关于自我认识的窗口理论，被称为乔韩窗口理论。他们认为人对自己的认识是一个不断探索的过程。因为每个人的自我都有四部分：公开的自我、盲目的自我、秘密的自我和未知的自我。通过与他人分享秘密的自我、通过他人的反馈减少盲目的自我，人对自己的了解就会更多更客观。

那么如何认识自己呢？认识自我的渠道主要有三种：

1.从自己与他人的关系中认识自己

与他人的交往，是个人获得自我认识的重要来源，他人是反映自我的镜子。从幼年到成年，我们从简单的家庭关系扩展到外面的友爱关系，进入社会又体会到复杂的人际关系。聪明而善于思考的人能从这些关系中用心向别人学习，获得足够的经验，然后按照自己的需要去规划自己的前途。

2.从“我”与事的关系中认识自我

从我与事的关系认识自己，即从做事的经验中了解自己。我们可以通过自己所做过的事，所取得的成就，看到自己身上的缺点和优点。对那些聪明又善用智慧的人来说，成功或失败的经验都可以促使他再成功，因为他们了解自己，有坚强的品格特征，又善于学习，因而可以避免重蹈失败的覆辙；而对于某些比较脆弱的人，因为只看到失败反映出的负面因素，而更使其失败。这也是常见的现象。因为他们不能从失败中学到教训，改变策略追求成功，而且挫败后形成害怕失败的心理，不敢面对现实去应付困境或挑战，甚至失去许多取得成功的机会；而对于一些自大的人而言，成功反可能成为失败之源。他们可能因为成功便骄傲自大，以后做事便自不量力，往往遭受更多的失败。

3.从“我”与自己的关系中认识自我

从“我”与己的关系中认识自我，看似容易其实做到这一点是非常困难的。我们可以从以下几个角度去试着认识自己：自己眼中的我。个人眼中观察到的客观的我，包括身体、容貌、性别、年龄、职业、性格、气质、能力等。

别人眼中的我。在与别人交往时，从别人对你的态度、情感反映而感觉到的我。不同关系的人、不同类型的人对自己的反应和评价是不同的，它是个人从多数人对自己的反映中归纳出的认识。自己心中的我，也指自己对自己的期待，即理想中的我。

我们可以通过自己眼中的我、别人眼中的我、自己心中的我这三个我的比较分析中来全面认识自己，进而完善自己。

客观评价自己，不做完美主义者

哈佛大学曾对100名学子做过一项追求完美的测试，结果表明，其中有40%的人追求完美，同时这些完美主义者要比其余不追求完美的人要承受更大的心理压力。这些完美主义者强迫自己达到不可能实现的目标，并且完全用成就来衡量自己的价值。事实上，这样盲目地追求完美的结果，只会导致他们更加害怕失败和挫折，心理上也变得十分脆弱。

为什么完美主义者的情绪容易不安，也容易遭遇失败？哈佛情商课指出，重要的原因就是这些人用一种不正确的态度看待和评价自己。

自我评价是心理学中的一个术语，是指人对自身条件、素质、才能等各方面情况的一种判断。自我评价的恰当与否，直接关系到个人的职业选择、事业的成功。

正确地进行自我评价一般可通过两种方法，一种是直接的自我评价，

一种是间接的自我评价。

直接的自我评价首先是认识自己的自然条件，包括健康情况、心理状态、情感特点、兴趣倾向、知识水准、专业特长、智力情况、能力特点，以及文字表达能力、动手操作能力、心理承受能力等各方面的情况。其次，是同自己在不同领域的实践中取得的不同成绩相比较，以发现自己的长项，确定奋斗目标。美国华尔街股神沃伦·巴菲特原来的梦想是音乐家，也曾在大学学习音乐专业，但很快他就发现自己的长处不在这里，于是便毅然转到股票投资方面去了。

间接地自我评价是指通过与他人行为的对照、情况的对比，发现自我认识的错误。当我们不能对自己做出正确认识，那么就不妨用与他人相比较的方法及用自己在不同领域中取得的不同成果相比较的方法鉴别。

多数人在自我评价问题上具有两重性，一方面，喜欢幻想，把个人的境遇、发展、前途画得绚烂多彩；另一方面又常常低估自己的才智和工作能力，自我评价常常是过谦的，甚至是比较自卑的。正确的自我评价，是帮助我们确定正确奋斗方向的前提。在实践中，在与他人的比较中，要突破一定的思维定势，要使思维方法尽可能地全面些、辩证些、灵活些。

客观地评价自己，认清自己的优势和劣势，发现自己与众不同的潜力，会了解自己所具有的真正价值，从而把自己的价值发挥到极致。

心理学家日莫曼（B·JZimmerman）提出了著名的关于自我意识和自我监控“WHWW”结构。即“Why”（为什么）、“How”（怎么样）、“What”（是什么）、“Where”（在哪里）。日莫曼认为自我意识和自我监控可以从“为什么”、“怎么样”、“是什么”和“在哪里”这四个基本问题上来进行分析。

“为什么”即动机，是对是否参与所解决的任务进行决策，体现了个体内部资源的特性。

“怎么样”即方法、策略，是对所解决任务的方法、策略进行决策，体现了个体计划与设计的特性。

“是什么”即结果、目标，是对所解决的任务取得什么样的结果和达到什么样的目标进行决策，体现了个体自我觉察的特性。

“在哪里”即情境因素，是对所解决问题的情境中的物理因素和社会因素进行决策和控制，体现了个体敏锐与智慧的特性。

由此可见，按照日莫曼“WHWW”结构，自我意识和自我监控分为动机自我意识和自我监控、方法自我意识和自我监控、结果自我意识和自我监控以及环境自我意识和自我监控这四种结构。

女人可以从这四种结构来认识自己。看看自己在哪一个方面存在欠缺，从而对自己重新进行设计。

比如，一个情绪化很严重的女人，她可能具有极高的智商，可如果她在“为什么”这个方面有欠缺，也就是说，她缺乏成功的动机和欲望，那么，很难开发出她的智慧潜能；同理，在“怎么样”上有欠缺的人，可能整天奔波，却总是事倍功半；而在“是什么”这个方面上有欠缺的人则不能合理地评估和判断事情的结果和结果对其人生的重要意义，以致成功会和她失之交臂；在“在哪里”上有欠缺的人，对社会环境以及自己在环境中的所处位置缺乏足够的认识，容易高估或者低估自己的能力，从而导致自负或者自卑的消极情绪。

这四个方面就是女人认识自我的魔镜，只有在这四个方面上对自己都有正确的判断和评价，才能更好地调整自己，不断完善自己，才能立于不败之地。

摆脱自卑困扰，做自信的女人

哈佛著名学子亨利·梭罗说：“自信地朝你想的方向前进！人生的法制也会变得简单，孤独将不再孤独，贫穷将不再贫穷，脆弱将不再脆弱。”

成功的人都是对自己有信心的人。来自哈佛大学的一个研究发现，一个人的成功85%取决于有坚定的自信心，15%取决于智力等其他因素。拿破仑·希尔说：“信心的力量是惊人的，相信自己，一切困难都将不会是

困难。”自信犹如一盏起航灯，它会在茫茫无边的人生海洋中给你力量，也给你前行的动力。试问，一个连自己都不相信的人，如何博得他人的信任？

美国著名的心理学家罗森塔尔教授来到了一所学校进行心理测试。他依然是随机地抽出了几个学生，并告诉校长说，这些学生智商很高，告诉他们，他们不是普通人，他们一定可以取得异于常人的成绩。

过了一年，罗森塔尔教授来到学校检查试验结果，果然如他所料。那些所谓的天才儿童确实取得了骄人的成绩。罗森塔尔教授这时才对校长说，事实上，自己对这些天才学生一点也不了解。校长很吃惊，问：那为什么他们会取得如此好的成绩呢？罗森塔尔教授笑了：“这就是自信带来的奇迹。”

自信有两大敌人，自信心不足被称为自卑，而自信心过强就成了自负。

摆脱自卑，其实就是放弃丧失信心的自我。丧失自信一般可分为两种情况：一种是暂时性丧失信心，一种是与生俱来的自卑感。自卑感并非无法摆脱，就怕你不去摆脱。纵观世上，许多成功者都是在克服了自己的自卑心理后走向成功的。他们能，你也一定能。

女人在摆脱自卑树立自信的过程中，你要认清自己的自卑属于前面提到的哪一种，才能找到适合自己的方法。不论是哪一种自卑，都是能够摆脱的，只要你找到一种适合自己的方法。下面是一些供你参考的途径：

1.要正确评估你自己

你可以尝试把自己的价值写在一张纸上，然后进行客观的分析。例如，会写文章、善于应酬、巧舌如簧、有好人缘、会设计图纸、懂得书法等等。如此一列，你就会发现自己原来颇有能力，和同龄人比较，还有很多优势呢。

2.要严格要求

自己存在的问题，必须认认真真地正面解决。假如你怕在大庭广众下讲话，就找机会在大众前多讲话。假如你觉得应该向上司要求加薪，就毫不迟疑，立刻写加薪报告。不管结果如何，总比闷在心里好得多。

3.要大胆开展工作

与其在心里想，还不如立即行动。你将因完成了工作，而逐步建立起自信。有了自信，不但能得到物质的报偿，还可以获得社会的肯定。这是一种良性循环：自信帮你完成工作，工作的完成又让你更加自信。这种良性循环又成了向成功迈进的润滑剂，你将顺利担当更大的责任，走上更重要的岗位。

自信带来奇迹，同时也照亮了人生。人没有自信，做任何事情都不会成功。自信犹如助燃器，不断地给你的人生增添燃料，它才能不断地高飞。

过分的自信就是自负。自信的前提是了解自己，不能做不切实际的相信。如果一只鸡信誓旦旦地说，我相信自己肯定能和老鹰飞得一般高，这种言论大概只能遭到同类的笑话。自信是建立在实力基础上的，不切实际的吹捧反而使自己迷失了方向。

自我过于膨胀的倾向，也就是一种自我中心意识。人们常有这种心态：以自我的眼光和心理看待周围的世界，在认识世界时总是以自我的观念和感情来判断对象。

人对自己的自尊心、自信心的肯定，是对自我意识的合理性肯定。然而，如果自我中心意识过了头，就会变成歪曲主客观关系的自恋和自我膨胀。而自恋和自我膨胀会带来消极影响，甚至会造成人生悲剧。

拿破仑说过：我是我自己最大的敌人——也是我自己不幸命运的起因。因此每个女人必须意识到这个问题，不要让自恋自大的图像占据你的头脑。

一个被认为了不起的人之所以“了不起”，就在于在很大程度上能够客观、全面地认识自己和周围的世界。一个人的确需要对自我进行全面认识，印度圣雄甘地说过：真正的教育首先要学会解剖自己，没有什么能胜过做人的哲学。认识自我、超越自我是我们应该具备的思想意识和能力。

很多人不能发现自己的缺点和自私，却一味地自我膨胀，总以为“我肯定比某人强”，到头来却一事无成。一个人之所以难成大器，究其原因则在于不能超越自我。所以要抛弃那种妄自尊大的想法，客观地认识自

己，发现自己的某些劣根性，而不是隐藏它，并有效地加以去除。只有这样才能真正认识自己，尊敬自己，抑制自己，发展自己，完善自己。

天生我材必有用。我们每一个人都有自己的优点，这一点是毋庸置疑的，每个人的身上都潜藏着一种巨大的能量，或许一般不易被人所察觉，但是你自己得了解自己的这种能量，在这种巨大的能量的发挥下，你可以克服掉你的自卑或者怯懦，从而完成你良材的角色。

不管你的过去经历过多大的失败，它们都不能把你的今天的信心抹煞。我们的人生就是一场不断和挫折作斗争的过程，自信是这场斗争中最坚实的盾牌，也是最锋利的长矛，女人只有抓住这把武器，胜利的人生才属于她自己。

倾听自己内心的声音

哈佛大学心理学家建议女人，当你准备为爱而改变的时候，当你决定听从大多数人的意见的时候，请你倾听自己内心的声音。只有这个声音才是最值得你倾听的，因为这是你魅力的源泉。

卡耐基收到一封伊笛丝·阿雷德太太从北卡罗纳州艾尔山寄来的信。“我从小就特别敏感而腼腆，”她在信上说，“我的身体一直太胖，而我的一张脸使我看起来比实际还胖得多。我有一个很古板的母亲，她认为把衣服弄得漂亮是一件很愚蠢的事情。她总是对我说：‘宽衣好穿，窄衣易破。’而她总照这句话来帮我穿衣服。所以我从来不和其他的孩子一起做室外活动，甚至不上体育课。我非常害羞，觉得我跟其他的人都‘不一样’，完全不讨人喜欢。

“长大之后，我嫁给一个比我大好几岁的男人，可是我并没有改变。我丈夫一家人都很好，也充满了自信。他们就是我应该是而不是的那种人。我尽最大的努力要像他们一样，可是我做不到。他们为了使我开朗而做的每一件事情，都只是令我更退缩到我的壳里去。我变得紧张不安，躲开了所有的朋友，情形坏到我甚至怕听到门铃响。我知道我是一个失败者，又怕我的丈夫发现这一点。所以每次我们出现在公共场合的时候，我假装很开心，结果常常做得太过。我知道我做得太过分，事后我会为这个难过好几天。最后不开心到使我觉得再活下去也没有什么道理了，我开始想自杀。”

是什么改变了这个不快乐的女人的生活呢？只是一句随口说出的话。

“随口说的一句话，改变了我的整个生活。有一天，我的婆婆正在谈她怎么教养她的几个孩子，她说：‘不管事情怎么样，我总会要求他们保持本色……’‘保持本色’，就是这句话！在那一刹那，我才发现我之所以那么苦恼，就是因为我一直在试着让自己适合于一个并不适合我的模式。

“一夜之间我整个改变了。我开始保持本色。我试着研究我自己的个性，自己的优点，尽我所能去学色彩和服饰知识，尽量以适合我的方式去穿衣服。主动地去交朋友，我参加了一个社团组织——起先是一个很小的社团——他们让我参加活动，把我吓坏了。可是我每发言一次，就增加了一点勇气。今天我所有的快乐，是我从来没有想到可能得到的。在教养我自己的孩子时，我也总是把我从痛苦的经验中所学到的结果教给他们：不管事情怎么样，总要保持本色。”

没有什么比违背本色更痛苦的了。不愿意保持本色，是导致很多精神和心理问题的潜在原因。

保持自我风格的女人是独立的，她们从来不会忽略自己的存在，她们会静下心来听自己内心的声音。只听自己话的女人，并不是自私的表现，而是对自己本色的一种保持。

不拘小节，洒脱随意，与她们相处你不用随时紧张地注意自己的言行举止；偶尔也用东西扔你、打你，或是故意摆脸色给你看，可她们的乐观潇洒让你气过后，眼里看见的仍然全都是她们的可爱。不会屈从大众的审美观点，从不假装淑女，从来不讲究笑不露齿。她们会发掘自身潜在的魅力，无论是鲜明的个性，或是独特的气质。她们只听从自己内心对自己的

安排，而不是别人的议论。

美国有一个非常受欢迎的电视节目主持人，她刚走上社会的时候选择了当一个影视演员，因为她认为这样可以让很多人喜欢她，可她怎么演都演不好，只能停留在一个龙套的级别上，后来一位导演问她：

“你从小的梦想是什么？”

“小时候我想当个电视节目主持人。”

“那你为什么选择了来演戏？”

“我认为这样更能受到大家的欢迎。”

“不，孩子，你错了，当一名主持人同样可以受到大家的欢迎。”

她听了导演的话，决定保持自己的本色，做了一名电视节目主持人。结果她成了纽约最受欢迎的明星主持人。

多听听自己内心的声音，保持自己的本色，那么，不管走到哪里，你都是落落大方的，没有一点矫情的痕迹，像雪地上的阳光清新明亮。那时，最耀眼的明星就是你。

聪明女人不会刻意去自我标榜高贵，她们尊重天然的、原始的独特个人魅力。即使人人都在追逐同一种标准，聪明女人也会坚持只听自己的话，坚持只听来自内心的声音，这才是聪明女人的风格、聪明女人的魅力，而且对于很多男人来说，这正是让他们着迷的地方。

按照自己的方式生活

在哈佛看来，高情商女人从来不去模仿别人的生活方式，而是按照自己的方式生活，无拘无束。

你或许也幻想过这样一番情景：你能够拥有一个这样的空间，你是那的主人，你选择自己喜欢的方式生活。那里没有纷争，没有哀伤，你的方式可以给亲人和朋友提供快乐；你伤心的时候可以大声的哭，快乐的时候可以大声的笑，这便是自由。追求自己的生活方式的本质就是追求人生的自由。

纽约市一所中学为了给贫困学生募捐，决定排演一出名为《圣诞前夜》的话剧。9岁的凯瑟琳很幸运地被老师选中扮演剧中的公主。接连几周，母亲都煞费苦心地跟她一道练习台词。可是，无论她在家里表现得多么自如，一站到舞台上，她头脑里的词句就全都没了影踪。最后，老师只好让别人替换了她。老师告诉凯瑟琳，她为这出戏补写了一个道白者的角色，请凯瑟琳调换一下角色。虽然她的语气挺亲切委婉，但还是深深地刺痛了凯瑟琳——尤其是看到自己的角色让给另一个女孩的时候。

那天凯瑟琳回家吃午饭时，没把发生的事情告诉母亲。然而，细心的母亲却察觉到她的不安，母亲没有再提议练台词，而是问她是否想到院子里走走。

那是一个明媚的春日，棚架上的蔷薇藤正泛出亮丽的新绿。凯瑟琳无意中瞥见母亲在一棵蒲公英前弯下腰。“我想我得把这些杂草统统拔掉，”她说着，用力将它们连根拔起，“从现在起，咱们这庭园里就只有蔷薇了。”

“可我喜欢蒲公英，”凯瑟琳抗议道，“所有的花儿都是美丽的，哪怕是蒲公英！”

母亲微笑着打量着她，“对呀，每一朵花儿都以自己的风姿给人愉悦，不是吗？”

凯瑟琳点点头，高兴自己战胜了母亲。

“对所有人来说也是如此，”母亲又补充道，“不可能人人都当公主，当不了公主并不值得羞愧。”

凯瑟琳想母亲猜到了自己的痛苦，她一边告诉母亲发生了什么事，一边失声哭泣起来。母亲听后释然一笑。

“但是，你将成为一个出色的道白者，”母亲说，“道白者的角色跟公主的角色一样重要。”

按自己的方式生活，首先就是对自己的肯定，无论别人在说什么，相信自己的选择是对的；再者就是对自由的追求，不能因为外物而束缚了人生的飞翔，按照自己的方式飞，才能飞得更高更远更快乐。

所以说，生活方式没有卑贱之分，适合自己的，能让自己快乐的才是最好的。归根结底，生活就是人的存在形式，生活方式便是人的生活习惯。我们不能因为个人好恶而把某些生活方式抬得过高，而对另一些，则过于贬低。人和人是不同的，所以各自选择的生活方式也应该是不同的。我们应该对别人的生活方式给与一定的尊重，这样也保证了我们自己可以自由地选择自己喜欢的生活方式，而不用背负那么沉重的心理负担。

人有时候总是强迫自己随着别人的看法而改变，却恰恰丢失了自己最为真实、可爱的一面。不要过多地依赖俗世的看法，每一个人都应该按照自己喜欢的方式去生活。因为生命本身才是最珍贵的，有什么能比快乐的人生更值得你去争取吗？生命是多姿多彩的，所以没有什么方式是绝对的好，自己喜欢，自己感觉自由和愉快那就是好的。

曾有一位抱有单身主义的女性朋友，她的选择遭到了很多人的不解甚至排斥。当问她还会坚持下去吗，她轻松地耸了耸肩，说："为什么不呢？我喜欢这种生活方式，我感到自由和幸福，这和他们的家庭幸福没有本质区别。我不会强迫别人接受我的生活方式，但是我也不会强迫自己去改变，强迫自己去适应周围人的生活。"用自己喜欢的方式去生活，我想，这样才算活出自我来吧，如果非要自己按照别人的方式来走，那或许更是一种不幸。

敢于按照自己的生活方式生活，也许只有这时候我们才不是被动的，也许只有这时候面对着自己的思想和感觉，才是真正地在做着自己。生活应该简简单单，按着自己的方式活着，才能在简单的基础上画出五彩的图案。

正视自我，学会欣赏自己

哈佛情商课指出，成功者的态度包含许多种因素，其中最重要的是学会欣赏自己。

有一个女孩，在一次偶然的会议中，她温柔的语气引起了一个小伙子的注意。给小伙子的第一感觉是，她是个纯净的、多才多艺的女孩子。尽管她相貌平平，不怎么漂亮，却使小伙子陷入了单相思。可小伙子想想自己，身材矮小，相貌一般，无德无才，凭什么去追这样的女孩？经过一段激烈的思想煎熬，小伙子终于给她寄去了一封情书。信发出后，小伙子无时无刻不在期盼着她的回音。但一个多月过去了仍无音信，小伙子的心犹如被冷水泼凉。在希望即将破灭之际，老天有眼，小伙子知道了她的电话号码。为了拨这次电话，小伙子不知道在房子里徘徊了多少次，想象着怎样和一个女孩子交谈。电话终于有人接了，她的声音出现在话筒里，是那样的温柔，而小伙子原先准备的“台词”此刻一点也未用上。怎么办呢？小伙子还是逼自己至少跟她聊上五分钟。最后五分钟过去了，他们还没有放下话筒，但是聊的不外乎是生活、学习上的一些琐事。就这样，每个周末他们通过电话线来拉近彼此的心，彼此了解对方。

后来，小伙子终于把她约了出来，度过了一个美妙的夜晚，感受到了初恋。

心理学家马斯洛在《动机与个性》中提到“自我接受”这个概念。他说：“新近心理学上的主要概念是：自发性、解除束缚、自然、自我接受、敏感和满足。”我们的心灵常常因为罪恶感，以及过去和现在所犯的种种过错而自惭形秽。我们渐渐缺乏了尊敬和喜爱自己的能力。为了学习喜欢自己，我们必须面对自己的缺点，容忍自己的缺点。这并不是不思进取、懒惰或是其他什么，这只表示我们必须认识到——没有人，包括我们自己，能够100%地优秀。

完全地接纳自己，尊重自己，既要接受自己的优点，也要接受自己的缺点。

许多人在踌躇满志的时候，又往往不敢正视自己内心的愧疚、仇恨和羞辱；在垂头丧气时，却又不敢相信自己拥有的优点和取得的成就。有些人因为自己偶尔的消极情绪而认为自己是邪恶的，于是，一蹶不振。有些人甚至因为他人对自己的不认可而自暴自弃，实在令人惋惜。

我们不能片面地看待自己，而应该综合考察、实事求是地了解自己、

接受自己。很多人常常过分严格地要求自己，凡事都希望完美无缺。然而，我们所做的一切都不是十全十美的。我们无法要求自己完美无缺，我们只能努力把自己变成一个有很少缺点的人。我们要学会适当地宽容自己，坦然接受自己的某些缺点，这样我们才能生活得比较轻松，才能保持内心的平静。

每个人的性格中都有引起失败的因素，也有走向成功的因素。我们有时可以把自己想象得更好一些，有时候也可把自己想得差一点，但永远都不要再要求自己完美无缺。要求别人完美是不公平的，要求自己完美更是荒唐。所以，千万别这么苛待自己。有时候，我们要试着练习自我放松，取笑自己的某些错误，要学习喜欢自己。忘记过去的错，爱自己，你认为你是巨人的时候，你才会成为真正的巨人。

欣赏自己，就是在无人为我们鼓掌的时候，给自己一个鼓励；在无人为我们拭泪的时候，给自己一些安慰；在我们自惭形秽的时候，给自己一片空间，一份自信。然后抖落昨日的疲惫与无奈，抚去昨日的伤痛和泪水，去迎接明天崭新的朝阳，走向一个风和日丽的清晨……

欣赏别人是一种尊重，被别人欣赏是一种承认，欣赏自己则是一种自信，也是一种本领，在困境中欣赏自己是给自己信心与勇气。欣赏自己是一种睿智，让自己的“闪光点”尽快“灿烂”起来，让自己的“余热”尽可能多地发挥作用，这就是认同自己存在的一种人生价值观。

学会欣赏自己，实际上就是自己在面对困难时保持一份乐观积极的心态，让自己能够从困境中看到希望，从而不会陷入绝望的境地。

有时闲暇之余，静静地欣赏自己，其实自己也很真实，也很天真可爱。在我们的人生道路上，尽管没有芳馨的鲜花为我们添香，却有希望的绿野为我们舒展；尽管没有雷鸣般的掌声为我们喝彩，却有恒久的信念在我们的心头树立；尽管在人生的航道上经历沧桑坎坷，理想的风帆却依旧高扬。多少次回味在烈日与风雨中苦苦追求的足迹，生命的旗帜尽管那样平淡无奇，我们仍意志坚定——沿着自己的航线，趟过岁月的河流，走进一片美丽的绿洲。无需改变什么，也无需挑剔什么，自己就是自己——世界上独一无二的自己。原本很美，很独特——只不过，我们仍需努力！

每个人都会有缺点，这个世界上，十全十美的人是不存在的。有些人面对自己的缺点，总是想办法遮掩，害怕别人笑话。其实，这样做反而会使人感到虚伪，不真实，也就没有人愿意与你交往。正确的思维是坦然面对自己的缺点，不有意掩饰，敢于挑战自我，承认缺点，这样就会赢得大家的尊敬。

独立的女人才有自己的自由

独立是高情商女人一个重要的素质。

女人的独立，不是在嘴边，而是在行动上。只有让自己独立，才能有真正属于自己的自由。聪明的女人都知道让自己不依附于任何人。要知道，女人越独立，男人越爱你。

当女人和男人一样能独当一面的时候，女人就已经不再是那个传统女人，她们也有自己的生活，她们也有充分享受生活的权利。当一个女人把男人和爱情抛开，去享受自己生活的时候，一切都是那么的美。

在商厦附近设的茶座、餐厅里，常常可以看到类似明丽的景象：临窗的座位上，几位白领女人一边惬意地喝着可乐、吃着食物，一边大讲办公室的趣闻，或者悄谈闺中秘事，她们面庞生动灿烂，笑语清脆爽朗，在轻松、无拘无束的氛围中，女人的思想得到了充分的绽放。

女人独立首先是经济独立，然后是爱情上独立。这样成为一个自外于家庭规范，悬浮在社会体制中的女人形象，对男人可能会造成恐惧与威胁，最后是爱慕。于是，现代独立女人都不约而同走上这样一条路：不要计算代价和谁付出得多。爱情可能到了一定的时候，大家就要分开。即使这样，也应释然对待。

她们并不排除传统意义上的爱情和家庭，但又很注重自身的独立和自由。对女人而言，友谊大都是轻松惬意的，不像爱情，虽然甜蜜却也充满

了伤痛和折磨。

对承担着巨大的工作压力的美女们而言，和朋友聚会时最需要的是完全彻底的放松，而不是悲悲戚戚、纠纠缠缠的情感瓜葛，这无疑只能加重她们的心理负担。与其在工作、爱情的双重折磨下心力交瘁，还不如和自己所信任的同性朋友交往来得轻松自在。

女人有时候觉得女朋友比男朋友更为重要，理由是和男朋友会吵架、会分手，可是女朋友永远可以依赖、可以信任，最苦闷的时候可以与她倾诉，最甜蜜的时候可以与她分享。紧张的生活使工作在格子间里的女人更渴望感情交流，而同性朋友是唯一乐于与之分享情感经历和生活细节的人。

那么，究竟怎样做才能成为一个独立的女人呢？

1.社交群落与社交方式多元化

当女人进入广阔的社交网络时，便可以从异性或同性朋友那里获得更多温暖的情谊，这使她们更有力量面对不稳定的婚姻关系。

2.提高个人生活的技能

女人要具备面对各种生活处境的能力，能够独自承担生活中的一切挑战。许多通常被定义为男人的家务事，女人应该学会自己承担。因为家务事的性别分工本不存在自然的原因，而完全是社会性别的约定俗成。女人其实在任何方面都不比男人差。同时，我们也应该充分利用社会化的家务体系，这一切都使独身生活变得轻松。

3.创造独立、自主、自强的人生

女人只有真正做到经济独立，真正在社会生活及个人生活中具备与男人相等的地位，才有可能平静地面对风雨飘摇的婚姻，甚至有能力拒绝婚姻。

4.抛弃依赖男人的思想

女人长期以来被灌输了依赖男人的思想，其中包括精神上的依赖与生活上的依赖。婚姻被旧式女人视为找到一个“依靠”。作为一个新时代的女人应该坚信：别人是靠不住的，最可靠的还是自己。

5.不再视婚姻为人生成败的指标

过去，婚姻一度是衡量女人的人生的最重要指标。但今天，婚姻仅仅

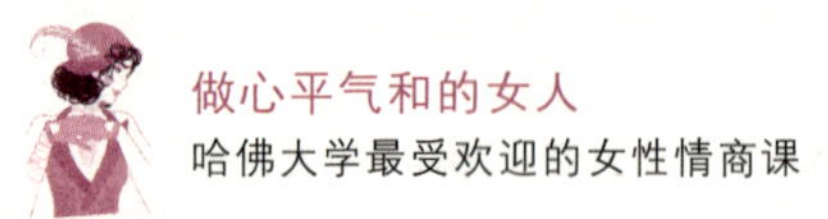

能够用来衡量女人的婚姻，甚至不再是女人进入情爱关系的目的与归宿。我们仍然会对婚姻持有一份执著的向往，但是，婚姻不再成为我们唯一的幸福寄托。

相信更新观念，做到以上五点，女人一定可以成为生活独立、感情独立、经济独立的强者。

女人自身的分量取决于自己

哈佛情商课强调，女人的身价值多少完全取决于自己，自身的分量是由自己来决定的。

每个人都希望自己能够得到上司的欣赏，得到同事的尊重，都希望自己的想法能够得到别人的肯定与重视。是的，人都是希望自己在他人的心目中是有分量的，在自己所从事的领域有分量。但是很多时候，这个分量并不是别人给你的，而是你自己为自己争取的。一个人如果总是很自卑，觉得自己的想法肯定不会得到别人的认可，那么他就没有勇气向别人去表达自己的看法，久而久之，别人就会把他当成是一个没有主见的人，所以也不会有人再去询问他的看法与观点。如果一个人很自信，或者说很看重自己，在一些事情上能够说出自己的独到见解，这会让周围的人形成一个良好的印象，时间久了，大家也就会越来越重视他的看法。

所以，任何时候，女人都不要看轻自己，一个不懂爱自己的女人怎么能得到别人的爱呢？往往只有自信的人才更容易得到别人的尊重和重视。

人都是生而平等的。所以，无论你贫穷或是富有，都不应该看不起自己或者看不起别人。但是在现实生活中有很多人总是顾影自怜，觉得自己什么都比不上别人，总是一副自卑的样子，这样的人怎么能得到别人的尊重。

自卑的女人往往很爱慕虚荣，害怕被别人瞧不起，所以总是会想尽办

法让自己看起来高贵，看起来上档次，这样的人往往更容易让自己陷入困难的境地。

在众人眼里，米兰达是一个美丽而又成功的女人。可是，她总是对自己感到不满，不是抱怨皮肤太过白皙，就是觉得鼻梁太过挺直，还觉得自己的额头太宽了。甚至仅仅因为身边的朋友有着纤细的双腿，她就觉得自己的双腿太胖了，从而连裙子都没有穿过。此外，她还总抱怨现在的男友比不上前男友，经常因为不能将喜欢的名牌全部买下而怨恨目前的处境。长此以往，她总是将“世界上没有比我更倒霉的人了”、“她真漂亮，她肯定很幸福”的话挂在嘴边，心情也总是处于低谷。起初，她的朋友们试图说服她，让她改变这种认知，却纷纷以失败告终。最后，她的朋友们都一个个地离开了她。

其实，这种事事不如人的悲惨感觉并不是别人强加给她的，而是她自己强加给自己的。像米兰达这样的女人有如此结局，就是因为不够爱自己，没有发现自己的闪光点。如果连你也看不起自己，那么你又怎能奢望别人喜欢你呢？

女人千万不要忘记：只有充分肯定自身价值，才能得到别人的爱。

有一位受人尊敬的犹太智者，名叫拉比·苏西亚，他是一位博学多才的学者和老师，在他弥留之际，很多学生聚集在他的床前，苏西亚掉下了眼泪。

他的学生不禁问他：“老师，您为什么哭泣？”

苏西亚回答说：“如果上了天堂以后，天使问我：‘为什么你不能像摩西一样？’我一定会肯定地回答他：‘因为我本来就不是摩西。’

“如果天使再问我：‘可是你也没有像艾利西（希伯来的大预言家）一样的丰功伟绩’，那我也可以肯定地回答：‘因为我来到世上的任务和艾利西不同。’

“可是，有一个问题恐怕我会答不出来。我怕他问：‘你为什么不能像拉比·苏西亚？’”

拉比·苏西亚去世200多年后，一位叫珍妮的美国小姑娘在她的人生中崭露头角。她以12岁的小小年纪，多次向世界网球冠军赛叩关。她在自己的青少年时期就已经跃升为第一级选手，她向许多实力极强的成年明星球员挑战，并获得胜利。

当有人问她是不是希望当第二个克莉丝·艾芙特时，珍妮回答说："不，我要当第一个珍妮。"

这个故事说明，能不能让自己有分量更关键的是自己的态度，自己把自己定位在一个什么样的位置上。富裕的生活的确让人羡慕，因为可以做到很多穷人无法做到的事情，但是不富裕的生活就没有乐趣可言了吗？就不能得到别人的尊重吗？没有必要为了满足自己的虚荣心去刻意做自己根本没有能力做到的事情，只要自己自立、自强，生活得坦荡，即使是贫穷一些也不会有人看不起你。只要你自己能够看得起自己，只要你愿意为了自己的生活去努力，去拼搏，这就足够了。

一个女人只有看重自己的分量，别人才会同样看得起你，所以一个女人无论能力大小、地位高低、条件好坏、都应该充分的自信，而不应该自感低人一等，这种平等观念是每个女人都应具备的。

不盲从，做有主见的女人

高情商女人都有一种保持本色的个性气质，她们有主见，不盲从，敢于挑战权威。

蜚声世界影坛的意大利著名电影明星索菲亚·罗兰能够成为令世人瞩目的超级影星，是和她有主见的个性分不开的。

在《卡桑德拉大桥》、《昨天、今天和明天》等影片中，索菲亚·罗兰以其独特的魅力给观众留下深刻鲜明的印象。她的长鼻子、大眼睛、大嘴、丰满的胸部和臀部都使她多了一份不可抗拒的美。可是，你知道吗？在索菲亚·罗兰初试镜头的时候，差点儿因为她的长鼻子和丰腴的臀部而没能走上影坛。摄影师们都嫌她的鼻子太长、臀部太发达，建议她动手术

缩短鼻子、削减臀部，可是索菲亚·罗兰坚决不同意。

索菲亚·罗兰在她的自述中详细地记叙了当时的情景：

有一天，他（卡洛）叫我上他的办公室去。我们刚刚进行了第三次或第四次试镜头，我记不清了。他以试探性的口吻对我说："我刚才同摄影师开了个会，他们说的结果全一样，噢，那是关于你的鼻子的。"

"我的鼻子怎么啦？"尽管我知道将发生什么事，但我还是问道。

"嗯，咳，如果你要在电影界做一番事业，你也许该考虑作一些变动。"

"你的意思是要动动我的鼻子？"

"对。还有，也许你得把臀部削减一点。你看，我只是提出所有摄影师们的意见。这鼻子不会有多大问题，只要缩短一点，摄影师就能够拍它了，你明白吗？"

我当然懂得因为我的外型跟已经成名的那些女演员颇有不同，她们都相貌出众，五官端正，而我却不是这样。我的脸毛病太多，但这些毛病加在一起反而会更有魅力呢。如果我的鼻子上有一个肿块，我会毫不犹豫地把它除掉。但是，说我的鼻子太长，不，那是毫无道理的，因为我知道，鼻子是脸的主要部分，它使脸具有特点。我喜欢我的鼻子和脸的本来的样子。"说实在的，"我对卡洛说："我的脸确实与众不同，但是我为什么要长得跟别人一样呢？"

"我懂，"卡洛说，"我也希望保持你的本来面目，但是那些摄影师……"

"我要保持我的本色，我什么也不愿改变。"

"好吧，我们再看看。"卡洛说，他表示抱歉，不该提出这个问题。

"至于我的臀部。"我说，"无可否认，我的臀部确实有点过于发达，但那是我的一部分，是我所以成为我的一部分，那是我的特色。我愿意保持我的本来面目。"

正是这次谈话，使导演卡洛·庞蒂真正地认识了索菲亚·罗兰，了解了她并且欣赏她。后来，卡洛·庞蒂成了罗兰的丈夫。由于罗兰没有对摄影师们的话言听计从，没有对自己失去信心，所以她才得以在电影中充分展示她的与众不同的美。而且，她的独特外貌和热情、开朗、奔放的气质开始得到人们的承认，被人们称为“从贫民窟飞出来的天鹅”。

索菲亚·罗兰在面对自己热爱的电影事业时，并没有盲目地听从导演的意见，她坚持自己的特点，不愿在自己的外貌上作出任何改变，即使冒着被导演辞掉的危险，她依然相信自己，没有作出让步，最终她得到了导演的认可，也得到了观众的认可，她在电影方面的成就证明了她的坚持和自信是正确的。

女人在面对人生的转折时，如果认为自己选择是正确的，就要坚定地相信自己，不要盲目地去听从别人的意见，这样才会让自己有更大的机会获得成功。

用成就有意义的事业来加强自尊

女人一生中的一个重要任务就是增强自尊。自尊心强的女人往往具有积极的自我概念。自尊源于成就有价值的事业，并且对这些成就引以为傲。增强自尊的最有效途径就是成就有意义的事业，然后获取对于这些成就的积极反馈。表扬和认可可以帮助培养自尊；适当地披露自己的内心可以增强自尊；欣赏自己的长处和成就也能有效加强自尊；如果能有效避免一些干扰合理自我欣赏的情况或因素也会很有帮助。

自尊是指欣赏自己的价值、对自己的行为负责以及对他人负责的态度。具有积极自尊的人对于自己人生价值的理解非常深刻，因此他们也就能具有积极的自我概念。

乔吉特·勒布朗在其《回忆我和米特林克的生活》一书中描述了一个粗陋的比利时灰姑娘的惊人转变：“隔壁旅馆的一位女招待送来了我的饭，她被称做‘洗碗女玛丽’，因为她是以食器洗涤宝的帮手开始自己的职业生涯的。她如凶神恶煞，眼睛斜视，罗圈腿，粗俗不堪。

“有一天，当她用红肿的手给我端来一盘空心面时，我直截了当地对

她说：‘玛丽，您不知道您所具有的财富。’

“玛丽已经习惯于控制住自己的感情。她等了几分钟，不敢流露出任何表示，唯恐有什么大难临头。然后她把盘子放在桌上，叹了一口气，并且巧妙地说：‘夫人，我倒情愿不去相信您说的话。’她并不怀疑，也没有问别的什么，只是悄悄回到厨房，重复着我刚才所说的话。这就是一种信心的力量，从未有人对她这样开过玩笑。从那天起，她开始受到注意。但是，最惊人的变化还是这位笨拙的玛丽本人。由于相信自己身上隐藏着一些未被发现的美德，她开始仔细地打扮起自己来，以使她那萎谢的青春复生光辉并得体地掩饰了她的平庸之处。

“两个月后我正准备离开时，她向我宣布了她同厨师长的外甥即将举行婚礼。‘我将成为一位夫人了。’她这样告诉我并向我致谢。短短的一句话竟改变了她的整个一生。”

乔吉特·勒布朗给了“洗碗的玛丽”一个好名声，让她去为此而努力奋斗——而那名誉也的确改变了她。

自尊由彼此相关的两个部分组成：自我效能和自敬（自我欣赏）。

自我效能区别于一般的自信心，它是指具有完成某具体任务的能力所拥有的信心。如果你的自我效能很高，那么你就相信你具有可以成功完成某一特定任务所需要的各种技能；而相信能完成某具体任务可以增强人的自尊。自我效能可以通过许多重要的途径来提高工作绩效，这些途径包括加强激励、增加对于工作的注意力、增加努力程度以及减少焦虑和自我挫败的负面想法。

自敬，是指一个人如何看待自己。自敬的人喜欢自己是因为他们就是这样的人，而不是因为他们可以做什么或者不能做什么。

自尊的形成涉及个人许多早年的经历。小时候受到家人、朋友、老师鼓励和认可的人往往会培养较强的自尊，通过表扬、夸赞和拥抱也能形成自尊。自尊还源于成就有价值的事业，并且对这些成就引以为傲。

心理学家马丁·塞利格曼则认为自尊是由各种成功和失败造成的。为了拥有自尊，人们需要提高应对世界的能力。“自尊来自于受到鼓励和认可的真正成功。过分夸赞只会让人自我膨胀，而不会形成真正的自尊。

孩子形成自尊并不是因为别人说他足球踢得很好，而是因为他真的踢得很好。”

具有很强自尊的女人往往具有良好的心理健康状况，她们对自己非常满意而且积极地憧憬人生和未来。自尊之所以有这样的功能，部分是因为它可以增强自己抵御某些情境负面影响的能力。

自尊强的员工往往也具有良好的工作态度，并且能够在工作中取得好成绩。因为她们所采取的态度及行为和她们认为自己很能干的看法一致，而这些态度和行为又往往能导致良好的工作绩效。

★每一个人都有自己的优点，每个人的身上都潜藏着一种巨大的能量，或许一般不易被人所察觉，但是你自己得了解自己的这种能量。在这种巨大的能量的发挥下，你可以克服自卑或者怯懦。

★我们应该对别人的生活方式给予一定的尊重，这样也保证了我们自己可以自由地选择自己喜欢的生活方式，而不用背负那么沉重的心理负担。

★完全地接纳自己，尊重自己，既要接受自己的优点，也要接受自己的缺点。

★聪明的女人都知道让自己不依附于任何人。她们并不排除传统意义上的爱情和家庭，但又很注重自身的独立和自由。

★每个人都是希望自己在他人的心目中是有分量的，在自己所从事的领域有分量。但是这个分量并不是别人给你的，而是你自己为自己争取的。

你当温柔，却有力量，女人的温柔征服一切

哈佛大学心理学家指出，通常女人的心要比男人的软一些，在爱抚和同情幼小、弱者方面表现得更加明显。温柔是女人独一无二的魅力，高情商的女人无不具有温柔的品性。女人温柔的气质和风范体现在自己的仪表、谈吐、举止、思维和行为习惯上，温柔代表着女人纯洁、优雅、真挚的人格魅力。

英雄难过温柔关

哈佛情商课阐明，女人应将温柔放在女性良好性格的第一位。

温柔的女人是最有女人味的女人，也是最有魅力的女人，她们总能以柔克刚、以静制动，取得神奇的效果。只要美女们轻轻地亮一下温柔的剑柄，便使战无不胜的英雄男儿们乖乖地做了俘虏，于是，便有了“英雄难过美人关”的名句。

温柔的气质和风范体现在女人的仪表、谈吐、举止、思维和行为习惯上，温柔代表着女人纯洁、优雅、真挚的人格魅力。

温柔的女人是贤淑通达的。不论是略施粉黛还是素面朝天，是安居广厦还是寄居茅舍；是职场女强人，或是举案齐眉的贤妻良母，温柔的女人都不失淡定恬宁、温文尔雅、端庄秀丽。

温柔的女人是善解人意的。一个善解人意的女人，一定是一个集聪明、温柔、大方和体贴于一身的女人。善解人意的女人是男人最渴望接近的女人，也是使男人燃烧、唤起男人激情的女人。好男人不会因为女人的善解人意促使的谦让而得寸进尺，反而会心存感激。善解人意的女人是家庭的港湾，男人休憩心灵的圣地。在男人眼里，善解人意的女人绝不仅仅是坐船的，也不仅仅是划船的，而是帮自己共同撑船的，风雨同舟才能抵达幸福彼岸。

温柔不代表软弱。温柔的女人不是一味地迎合和纵容对方，而是在遇到事情时，能尽量用自己的心去体会对方的心，用自己的感觉去体会对方的感觉。

温柔的女人除了拥有温顺的性情，也有聪明的头脑，有宽广的胸襟。温柔的女人有主见，有自己的判断力。在处理问题上，女人会动用温柔的力量将一切矛盾和分歧化为无形。温柔的女人从不与别人争对错，分是

非，而是心平气和地以理服人，以情感人。

一天，英国女王伊丽莎白与老公闹别扭，老公气得关门不出。半天过去，英女王怕老公在里面闷坏了，心疼地叫老公开门，说："快开门，我是女王。"对方硬是装聋，不开；英女王又说："我是伊丽莎白，请开门。"对方仍不理睬她。英女王灵机一动，温存地说："老公，开门，我是您的妻子。"整日生活在女王影子下的老公，受压抑已久，听了如此温柔的话语，如沐春风，叫他如何不开门，于是忙眉开眼笑地开门迎妻："进来吧，夫人。"

温柔的女人冰雪聪明，在自己喜欢的男人面前，会运用温柔的手腕去操纵对方。一个温柔的眼神，一句温柔的话语，都可以让男人动心。

女人的温柔力量令人难以抗拒。有的女人也许觉得自己是一个野蛮女友型，性格豪爽，热情奔放，从来不懂得什么是温柔，也不会表现女人温柔的一面。其实，温柔可以看做是女人的天性，也可以是一种性情的完善。女人的温柔是可以在生活中、在与别人的交往中慢慢形成的，通过一个温柔的眼神、一句温柔的话语、一句贴心的叮咛，就可以令人为之倾心，为之感动。

温柔的姿态并不会使女人失去生活的主动权。表面上，女人是以自己的柔情和娇嗲，等待男人的欣赏评判，而事实是，女人们自己做了编剧和演员，暗中控制着事态的发展。在生活中一些常见的场景里，我们常常可以找到对这种法则的验证。

巧用温柔的艺术，确实能消除夫妻相处中的误会。因此，女人当面对男人大发脾气时，你不妨试试温柔操纵术；当你的老公心情闷郁时，你不妨温柔地给予宽慰和理解，这对增进你们夫妻之间的感情，肯定会大有效用。

惹火了老公时，温柔绝对是最佳的补救方法，远比道歉来得自然妥帖。在女人的娇柔面前，男人们只有缴械投降的份儿。有时候，他们只顾享受你现在的软语娇姿，根本就忘记了之前冲突的缘由。所以，女人温柔的操纵术，掌握着事态发展的主动权，就会扭转不利的局面，让彼此的感情良好发展。

1.以柔克刚，女人的温柔媚招

无论在职场上还是生活中，女人取胜很少是依靠自己的力量完成的，而是凭借着以柔克刚的智慧。温柔是女人最有利的武器，是女人独有的处世法宝。温柔是男人的甜蜜杀手。作为女人，不要处处显示出强势和蛮横，只需一个温柔，就会让男人乖乖成为俘虏。

很多女人并不知道擅用温柔的力量，因为害怕失去在男人心目中的地位，从而常常忘掉温柔的美，而是颐指气使，大声呵斥，使女人的美好修养和仪态风雅尽失。所以，缺少温柔的女人不能算是有女人味的女人。

2.温情脉脉，借助情感的力量感化他人

女人是感性的动物，温柔的性情和特质使女人的心灵变得柔软。所以，温柔的女人具有一种神奇的处世魅力，更容易利用情感的力量来征服人心。女人的温柔就像绵绵细雨，润物于无声，令人回味绵长。一个含情脉脉的注视，一个温柔甜美的微笑，就可以让对方不战自退。温柔的女人从来不骄不躁，不温不火，说话柔声细语，态度谦恭有礼，即使脾气再大的人，面对女人的温柔，也会立刻熄火。女人展露出来的点点温柔，实际上就是在展现自己的修养。

3.温柔体贴地关心爱人，让幸福增值

夫妻之间的相互体贴和关心，是让婚姻长久保鲜的秘笈。男人的幸福来自妻子的温柔体贴，而妻子也会更加赢得幸福。温柔体贴的关心，并不仅仅是让男人丰衣足食，最重要的是关怀他的内心世界。要充分了解丈夫到底需要什么，他真正喜欢的是什么。投其所好，并不是一味地迁就，而是让丈夫真正地实现他的愿望和价值。如果一个女人一生中都没有读懂自己的丈夫，可以说是一个悲哀的女人。

人与人之间的交往主要是心与心的沟通，夫妻之间更是这样。心有灵犀，不光靠两个人之间的默契，更主要的是靠女人对男人内心世界的洞察。要做到先知先明，需要女人敏锐的观察，细心的体贴和适时的心灵碰撞。

4.像知己一样理解他人

当一个女人嫁给一个男人时，不仅嫁给的是他这个人，而且“嫁”给了这个男人身后的整个家庭。女人要认真地履行自己应有的责任，不必计

较个人的得失。女人切莫让丈夫为自己而改变他的本色；更不能抹杀他的个性。给他一个自由的空间，让他有一方展翅飞翔的天空。守护自己的家，让家庭的港湾充满温馨。

懂得温存和浪漫的女人最迷人

哈佛大学社会心理学专家认为，浪漫在夫妻生活中是不可缺少的内容。爱浪漫的女人，生活总是别有情趣。

浪漫好像是魔术师手中的魔棒，它在男女热恋时，会变得五彩缤纷，可爱迷人；一旦结婚后，它又变得暗淡无光，无人问津。浪漫包括情感、爱慕、兴奋、趣味等概念，并且以多种色彩表现出来。

女人自己心里先要有明确的意思，确切地指出希望对方做些什么。

1.明确告诉丈夫每天下班拥抱你六秒钟

必须让对方清楚自己要的是什么，例如，你要他拥抱多久？走路时，希望他握你的手？带你到灯光朦胧的餐馆吃饭？说话更轻柔？用何种声调？如何表示？喜欢用哪种称呼？

2.细心观察对方讨你喜欢的行为

当你为对方的迟钝烦恼时，可能忽略或过后就忘记他一些温柔、热情的举动。有些妻子对丈夫的实际行动很少观察，她只能用“常常”和“从来不”等字眼来描述丈夫，这往往会产生错觉。

你最好认真观察对方一段时间：他多长时间突然吻你、轻抚、说些关切的话?多长（甚至只要有过）时间撇开自己的事，特意为你做些什么?他曾经建议你去散步、看电影?原先你以为丈夫缺乏温柔和热情，假若细心观察一阵子，你可能会惊讶地发现，他有时跟你的印象相反。

3.经常鼓励丈夫与自己身体的接触

夫妻间的身体接触，包括轻拍、握手等，它们并不直接与性行为有

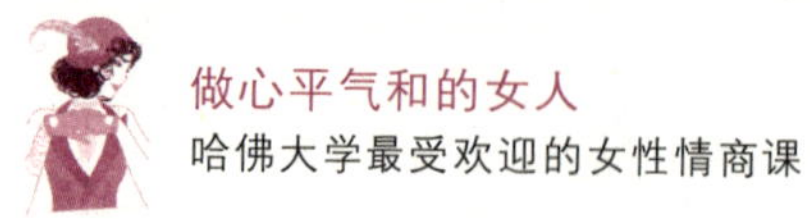

关。但是，只有少数的男人知道女人大多数喜欢被爱抚，为的是其他理由。

妻子应当鼓励丈夫抚爱自己。你可用平易近人的话直接告诉他，你喜欢被爱抚，但要具体。并且积极创造爱抚的机会。

4.真诚使用暧昧语言

夫妻间类似“我爱你”的语言，可以表示许多意思，但也可以不代表任何意义。这和音调、面部表情、姿势以及整个背景情况有关，例如：如果对方交易似的说爱你；如果对方像小孩背书似地不带感情地说出来；如果对方用不亲密的方式说出甜言蜜语时。

当对方想要浪漫一下时，你可制造一些轻松愉快的笑话和他同享。

5.偶尔打破规律化生活

在平淡的夫妻生活中，假如对方带你出外旅游，或者到音乐茶座去喝咖啡，或者买一束鲜花让你高兴。这些做法称之为浪漫，它出乎意料，却合情合理。浪漫除了支付情感外，还需支付时间、金钱、劳动。打破规律化的生活，往往会富有浪漫色彩。

6.让另一半了解“女人幻想”中的世界

“女人幻想”中的世界，是一个大多数男人不甚了解的浪漫世界。女人喜欢看爱情小说，是想藉以逃避自己的生活。当她看一段爱情故事时，她便进入了另一个世界——在那儿，男女之间的关系和“现实”是不同的。小说反映出男女的特性以及他们之间的关系，但还加入了一项强烈的调味品：情爱。而情爱又是她深感婚后生活中非常缺乏的东西，于是在爱情小说编织爱的梦幻中，她得到了满足，找回一部分久已忘怀的真实自我。

如果妻子能说服丈夫看上一本爱情小说，也许对制造浪漫气氛很有利，至少他已经听见你梦幻中的那首爱之歌了。

女人的羞涩最养男人眼

羞涩是高情商女人独特的风格，是高情商女人特有的风韵。

诚然，男人也会有羞涩，然而更多的、更频繁的、更鲜艳迷人的羞涩，却总爱浮现在女人的脸上。男人羞涩脸上往往显得狼狈可笑，而女人羞涩的盈盈笑脸却被认为是天然合理的。所以，自古女子就学会了使用红色的胭脂，起到了羞涩常驻的效果，有助于保持和强调女人的特色。

一个女人害羞的模样是她最美的时候，也是她最性感最具吸引力的时候。在传统的爱情影片中，总忘不了夸大这样的镜头：梳着长辫子的大姑娘听见长辈们议论自己的婚事，纵使她平日有多么泼辣刁蛮，也会用手绞着辫子，眼珠一转，一抹红晕迅速浮上脸庞。或是娇羞地低下头，或是缄默不语，或假装嬉笑加以掩饰。有的就干脆捂脸转身，挥着小粉拳头一路小跑开溜，那模样真是既娇憨又可爱。

羞涩是人类最天然、最纯真的感情现象，它是一种感到难为情、不好意思的心理活动，往往伴随着甜蜜的惊慌、异常的心跳，女人羞涩是一种美，是一种特有的魅力。“犹抱琵琶半遮面”、“插柳不让春知道”的神韵尤能刺激人的丰富想象力，甚至使人着魔入迷，如醉如痴。同时它闪耀着谦卑的光辉，是一种道德和审美的反射，“唤醒两性关系中的精神因素，从而是减弱了纯粹的生理作用”，促进两性关系日臻高尚、完美。动人的表情，迷人的色彩，文雅的举止，朦胧的神韵，温柔的蕴藉，女人的羞涩竟具有如此大的神奇魅力和功能！

羞涩如此美丽。但令人惋惜的是，现在那种经常会脸上泛起红云的羞涩女子越来越少见。

随着时代的发展，现代女人变得愈发开放，愈发大胆而野性，令男人们猝不及防。很多女人越来越不懂得娇羞是何物，更不懂得，女人丢掉了娇羞也就丢掉了女人最令男人着迷的武器。一些男人认为："现今的女人不但脸皮厚并且盛气凌人，一点也没有女人的韵味。"不知道女同胞们听到这样的评论会有怎样的感受。要知道，虽然时代开放，但是女人毕竟是女人。平心而论，有两位女人，一位羞羞答答，楚楚可人；一位豪情奔放，不知害臊。如果你是男人，你会挑选哪一位呢？

有些女人，曾经也是一朵温柔的娇花，但是结婚之后，在与老公长期的耳鬓厮磨中，慢慢变得粗陋起来，完全失去了当初小女人的味道。她们无论面临什么样的情形，是让人羞赧的还是尴尬的，统统面不改色心不跳。老公偶尔说句动情的话，以前会低头娇羞微笑，现在却漫不经心，左耳听右耳就冒了。对于男人来说，如果看到自己的挑逗或者俏皮激不起女人的任何反应，他自己就会感到索然无味，下次只跟她说"正经话"了。夫妻间的男女之爱，退化为波澜不惊的亲情。

如果你还不想在家庭生活中成为没有性别的勤劳主妇、孩子他妈，那么就不要丢了女人的娇羞本色。聪明的女人，自然懂得利用自己害羞的本能，在正确的时间、正确的地点、配合正确的环境氛围、正确地发挥害羞的特性，捕获心中最爱的男人。

害羞是一种资源，它不仅仅是一个眼神一个动作一抹红晕，它是女人内在气质的自然流露。有的女人就善于在一些不经意的小动作间含羞带涩。一个男人看到满面娇羞的女人，就像看到一朵惹人怜爱的花，立刻被她的美挠得心里痒痒，去摘又舍不得，转身要走又牵牵挂挂，只好呆呆地站在那里守护，舍不得离她而去。

撒娇是让男人乖乖就范的法宝

哈佛大学女性心理专家指出，高情商女人从来不会拒绝撒娇所演绎出的魅力风情，撒娇的女人最惹人怜爱。撒娇是女人征服男人的法宝。

一个女人，当她成为一个男人的妻子，她的角色不仅仅是为男人生儿育女、操持家务，还要有让男人心甘情愿爱你、听你话的能力。

要知道，即便你一味地为他付出，他也未必是会领情或感激。因为，男人需要的是一个能激起他征服欲、占有欲的女人，面对这样的女人，他们才会乖乖听话。

世界上有很多让人叹息的女人，她们从来意识不到自己应该扮演的是一个什么样的角色。对于自己的老公，她只知道对他好，只知道对他无怨无悔地付出，不会爱，也不懂爱，像白开水一样乏味，到头来，只能让男人在一成不变的生活中心生疲惫。

在这种干巴巴的女人里，有的是天生情商太低，有的是受出身教育所限，对于男女之爱，缺乏表达和接受的感应力。但是有很大一部分女人，也意识到自己的症结所在，只是不知从哪里入手，来唤醒老公的柔情和回应老公的柔情。

男人爱一个女人，听她的话，除了她本身具备了种种可爱的素质之外，更重要的一条，是她懂得向男人撒娇、示爱，时时都在表达她对爱情的需要。当看到一个小女人对自己的臂膀如此依恋的时候，男人们会表现得很温柔、很豪气，并在不知不觉中，变成她的俘虏。

宋娟的老公是有名的火爆脾气，街坊们都说："这小子沾火就着，倔得像头驴"。但也应了那句话了，"卤水点豆腐，一物降一物"，宋娟的坏脾气老公，在她面前就服服帖帖，两人把小日子过得和美无比。

宋娟不是那种会发恶、撒泼的女人，相反，她在老公面前一向话不高声，笑意盈盈。如果老公倔得无理，她也不会被激怒，只是粉面含春的轻哼歌谣，老公在旁边自觉成了透明人，便很知趣地软了下来，主动凑过来，有一句没一句地跟她搭讪。她这才撅起嘴，扭过脸去做不搭理状，像是受了天大委屈一般，老公大动恻隐之心，反过来百般哄劝。宋娟趁势收起小姐脾气，展颜一笑。于是，云开雾散，阳光灿烂。

最高层次的撒娇，不仅仅表现在某个动作、某种言辞上，它应该是一种全方位的气质。女人的温柔、情调、性情，都是她们表达爱、享受爱的贴身秘籍，再加上轻俏的姿态，流转的眼神，在男人眼里，就是世上最动人的图景。

撒娇是一种艺术，是消除隔阂、增进了解、增添生活情趣的好方法。尤其是在两人相处的时候那些小小的纷争面前，女人一撒娇起来，绝对可以让男人驯服，让男人乖乖听你的话。

男人面对竞争，面对着越来越冷酷的世界，他们不得不坚强面对一切。为了支撑这种尊严，他们不知道忍受了多少痛苦和失败。他们从来不把痛苦写在脸上，也从来不把失落带给家人。但是，他们却需要一种来自家庭的温暖来安抚他们的创伤，在艰难的人生旅途中获得轻松，感受到快乐。

这个时候，女人们撒撒娇，把爱意蕴藏在憨态可掬的娇声娇气里，让自己孩子般的举止来衬托出男人的成熟、男人的风度，让他们的保护欲得以发挥。如此，他们就会重新认识自己，就会产生新的动力、新的生命力。

撒娇的女人并不是无知的、无能的，也不是依赖的、软弱的。撒娇是女人最温柔的手，她们用这双手拨弄着生活浪漫而温馨的琴弦。

撒娇是一种魅力，是一种享受，也是对生活的另一种理解。它可以使女人永葆青春，可以使男人洗掉心灵上的尘埃，享受生活中的幸福。

女人的撒娇是婚姻生活的甜蜜调味品。别看男人们在事业中一路拼杀勇猛无比，其实在感情上他们也有着单纯的一面，柔弱娇媚的女人最能满足他们的大男人心理，此时的他们自觉是顶天立地的英雄，保护与怜爱之心也空前高涨。

其实，撒娇和尊严没有关系，但是却和能力沾得上边。看些在家庭和职场中都顺风顺水的女人，她们都非常懂得身为女人的力量。男人需要一个女人在自己的面前撒一下娇，而女人也需要有一个男人可以撒个娇，这是一件一拍即合的事情。有的女人就是看透了这件事情，所以她们就不继续扛着了，赏他个脸，自己也乐得放松一下。要知道，几乎没有一个男人可以抗拒女人的撒娇，不管一个女人的年龄有多大，有时候任性或者“赖皮”一下，可以增加感情的“蜜”度。

在我们慢慢归于平淡的婚姻生活里，妻子适当地撒撒娇，是一种甜蜜的调味品。那些能把娇撒得可爱而不矫情的女人，会让老公和自己都沉浸在一种永远恋爱的感觉里。

不要担心自己不会撒娇，因为它是女人天生的武器，无须刻意去学，只要我们扔掉心里的包袱，将自己定位于一个需要宠爱的女人，自然就会唤起男人的柔情。

充分发挥女人柔弱的性别优势

哈佛精英一致认为，成功者善于把自己的长处转化为成效。而女人，在性格上的一大优势便是以弱胜强。

每个女人都有自己的个性，不同性格的女人有着不同的思想，在处世态度和交际行为上也会有不同的表现。性格外向的女人善于沟通和交流，交际方式积极多变。那么，性格内向、腼腆的女人怎样才能在为人处世和交际活动中占有主动权，成为众人中的亮点呢？一个有效的办法就是发挥女人的性格优势。

1.性格优势之自信：自信的女人气场更强大

无论是内向还是外向的女人，都应该相信成功最终是属于自己的。现代社会中，人们通常把性格内向视为不容易接近和不善交际。其实，内向性格不等于性格有缺陷，更不是交际活动中的绊脚石。事物都有其两面性，哪一种性格都是兼具优点和缺点的，关键在于如何把握分寸，如何扬长避短。

外向性格的女人容易融入群体，善于和周围的人打成一片；但过分张扬活泼的个性，又容易给人一种性情暴躁、自制力差、不可靠的印象。内向性格的女人可能在热闹的交际场合中会显得很安静，但这种稳重可靠的性情更容易令人信服，也会被人们所赏识和看重。

2.性格优势之示弱：女人以退为进的小手腕

智慧的女人深谙进退之道，她们既自信自尊，又懂得尊重别人与自己的不同之处。女人往往会表现出低姿态去聆听、去理解，甚至去让他人发泄……然后再以退为攻，达到自己的目的。

比如，身为职场的白领女性，会利用女人的性格优势来赢得男上司的赏识，获得男下属的拥护，受到男同事的欢迎。女人爱撒娇的天性，会让男上司觉得置身于一种慈父的角色，从而被这种女儿娇的性格优势所说服；女人也可以利用温柔、宽容、具有亲和力等性格优势来化解与他人之间的竞争气氛和矛盾，这样的女人与同事之间的关系相处融洽，与客户的商洽也容易获得成功。如果是女上司，在面对男下属时，往往会利用母性的性格优势，像一位母亲或姐姐一样去理解和关心下属，细心地体察下属的想法，激发他们的潜能，而不会伤害对方的自尊。

3.性格优势之柔韧：强悍是男性的优点之一，但从来不是女人的优点

在职场，即便学历再高、职位再高、权力再大，女人也不应该表现得像一个悍妇，因为强悍是男人的优点。聪明的女人会懂得男人与女人之间的性别差异，尽量地用男人的立场和思维方式去考虑问题。她们会在表面问题上迁就男人，让他们赚足“面子”，但在实际的核心问题上会以女人的韧性坚持到底、绝不妥协，最终实现自己的目标。

4.取长补短，积极主动地弥补性格劣势

在现实中，性格内向的女人往往表现得敏感多疑、心绪消沉、胆小软弱、固执拘谨、因循守旧、行动迟缓等。这样使人不容易接近，自然减少了与人打交道的机会，而且容易使人产生距离。性格是可以改变的，但要掌握方式和分寸，否则会失去原来的自我。

5.在适当的场合发挥性格中的优势因素

不要因为自己性格内向就显得更加不合群，这样只会留下自卑的情绪。性格内向的女人喜欢安静思考，凡事总会深思熟虑后才有所行动，有时行动的果敢和坚定却是非一般人能比的。坚持自己的性格特色，日久天长就会在周围的朋友圈中建立起属于自己的那份沉着踏实、耐心谨慎、自制力强、平易近人、文静诚恳的形象。忠实可靠让人更容易向你敞开心扉，同时独到的见解也会给对方留下美好的印象。

保持友善，做众人心中的亲善大使

哈佛大学心理学家一致认为，友善与和气是女人无形的资产。如果一个女人无论走到哪里都能够制造出温暖、融洽的气氛，那么她是永远不会被遗落在丈夫背后的。

一个亲切和善的女人是丈夫的“亲善大使”，就像汉斯·卡天柏夫人那样。

卡天柏夫人的丈夫是美国传媒协会的会长，她在帮助丈夫方面可谓是非常机灵的了。她知道如何把不愉快的话题岔开，从而使周围的气氛变得活跃起来。

如果晚宴中的话题拐错了方向，她就会等待一个适当的时机说：“汉斯，为什么你不谈有关……的事情呢？”这使得每个人都有时间冷静下来，把男人不愉快的话题岔开。

卡天柏夫人还懂得如何委婉地拒绝别人。当她丈夫演讲结束后，总有许多人想和他握手，并且和他谈上很久。这时，卡天柏夫人就会委婉地告诉他们新的话题，比如：他们的车正在外面等着，或是他们还得赶赴另一个约会。

有一次，在市政厅演讲完后，卡天柏先生被许多提问题的记者包围住了，卡天柏夫人知道如果演讲再继续下去，她的丈夫就会坚持不下去了。于是她站起来说：“对不起，我有个问题。那就是卡天柏太太想要知道卡天柏先生什么时候可以回家吃饭了。”大家听到这种幽默和善的问题，都不仅附和了她，而且让卡天柏先生回家吃饭了。

你也许不会有卡天柏夫人这样的才华，但你可以学到她的和善。

有一种魅力看不见，摸不着，需要用心来感受，这种魅力就是善良。有一种气质至尊、高贵，需要用心来品味，这种气质也是善良。

善良是一种高贵的品质和修养，善良的女人会在人群中发出非凡的光芒。外表可以将一个女人变得美丽，而善良却可以将一个女人变得高贵。

自古以来，人们都追求一个“善”：待人处事，强调心存善良、向善之美；与人交往，讲究与人为善、乐善好施；对己要求，主张独善其身、善心常驻。

善良的人，心是滚烫的，情是火热的，善良可以驱赶寒冷，横扫阴霾。同善良的人交朋友，情操变得高尚，灵魂变得纯洁，胸怀更加宽阔。与善良的人相处，不必设防，心底坦然。

善意产生善行。真正的善良之举不是一时的心血来潮，而是长期坚持善举，终身不悔。真正的善良之举，不是一点一事表现出来的善意，而是对万事万物都怀有善心、善意。多一些善良，多一些谦让，多一些宽容，多一些理解，让人们在生活中感受到美好和幸福。这是所有善良的人们的向往和追求。

善良常常与高尚并肩。善良的行为举动也一定是高尚的，因为善良本身就是一种高尚的道德品质。

善良的女人值得敬重，品德高尚的女人值得赞叹。善良和高尚应该作为女人修养的必修课。

女人要让自己的美丽变成一种永恒，让自己并不出众的容貌变得更加迷人，其实很容易做到，在举手投足之间表现得高尚一点、表现得善良一点，这种迷人的光环就会萦绕在身边。

1.女人要有高尚的人生观和积极的人生态度

女人拥有了高尚的人生观，生活就会变得总是积极向上，每天都会以微笑来面对这个世界、面对纷繁复杂的生活。正是在这个意义上，具有高尚人生观的女人才会更加迷人。要知道，女人的美丽、魅力不仅仅是一种外表上的美丽，更是一种内在的修养、内在的美丽。

女人的美丽同样体现在对人生的态度上。曾经有人说过这样一句话：一个积极的乞丐比一个绝望的公主还要美丽。确实是这样，热情向上的人生态度，使得女人外在的美更加富于灵性，也更加瑰丽。更为可贵的是，热情向上的人生态度还能弥补女人形体的平凡和缺陷，有助于女人赢得更多人的赞赏。

2.富有同情心和有爱心的女人惹人怜爱

富有同情心和爱心的女人是善良的，心地纯洁，内心装下的都是温暖和感动。这种同情心和爱心也会感染着其他人，让人们的生活因为有了爱有了温暖而改变。富有同情心和爱心的女人，能给周围人带去快乐、带去幸福，在别人最需要的时候带去温暖和祝福。

在生活中，表现出爱心其实很简单。比如，给生病的人送去关怀和祝福，给需要援助的人施与自己的一份力量。不用取笑和嘲笑的目光对待有缺陷的人，而是去尊重、鼓励对方。同情心和爱心是一个魅力女人所必须具备的最基本的品德。

3.多为别人着想，不做自私女人

每个人都会不同程度地和周围人发生一些关系，这就是所谓的人际关系。在人际关系中，作为一个有修养有魅力的女人，要懂得考虑别人的感受，学会为别人着想。一个只会自己顾自己、只在意自己感受的女人是自私的人，这样的人是绝对不受欢迎的。原因很简单，这个女人不具备爱别人的能力。每个人并不是孤立地生活在这个世界上的，人际间的交往需要彼此的关心和爱护才能维系和长久地发展。如果希望他人在意自己的感受，为自己着想，就先站在对方的立场，学会替他人着想。

4.真诚赢得真心，友善换得友爱

要想做讨人喜欢的女人，先付出自己的诚意，以诚相待，才能获得对方的诚意和真心。没有人会喜欢跟一个虚伪的人做朋友，而女人如果缺乏诚意，也一定交不到真诚的朋友。

对待朋友要友善，因为友好而带有善意的心才能获得友爱。帮助别人的时候一定要诚心诚意，而不是敷衍、表演。

有亲和力的女人最容易接近

在生活中，有些女人即使偶尔相识，或者只有一面之交，也能引起众人的注意，使人们感到喜悦，愿意和她接近并有交往的愿望。这样的女人会让人记忆深刻，打动人心，这是为什么呢？

当人们看见一个温柔的目光，或许是看见一个迷人的微笑，或许是看见一个优雅的举止，听到亲切的言谈，便不由自主地会形成一个印象和好的评价：这个女人很不错，很讨人喜欢。当别人对一个女人产生兴趣的时候，便想与她接近，成为朋友。

或许这就是所谓的两情相悦，一见钟情，但是，是什么魅力和力量让人们产生一种特殊而美妙的情愫呢？很多时候，一个女人看上去并非貌若天仙，可是就是让人喜欢，看着舒服，相处自然。

人们在评价一个女人时，往往不会先说这个女人长得多么美，而是大多数会说这个人多么好。女人的好有多种表现，面目和善，待人热诚，言谈亲切，喜欢微笑，乐善好施等，都会给他人留下深刻而美好的印象。而这些好的表现，人们会用一个词来形容和概括：亲和力。

哈佛情商课指明，亲和力简单来说，就是具有使人乐于接近的力量，有亲和力的女人最有魅力。

杰瑞丝是一家化妆品公司的老总，她最不能接受的事就是凯迪拉克轿车的推销员开着福特轿车四处游说，人寿保险公司的经理自己不参加保险。所以，她要求公司的所有职员都要用自己公司生产的化妆品。

有一次，她发现艾米莉正在使用另外一家公司生产的粉盒及唇膏，艾米莉吓得赶紧收了起来。杰瑞丝女士走到艾米莉桌旁，微笑地说道：“你在干吗？你不会是在公司里使用别的公司的产品吧？”她的口气十分轻松，脸上洋溢着微笑。艾米莉的脸微微地红了，不敢吱声，心想这下该挨批了，但是，杰瑞丝女士并没有发火，什么都没说就走开了。

第二天，杰瑞丝女士送给艾米莉一套公司的化妆及护肤产品并对她说：“如果在使用过程中觉得有什么不适，欢迎你及时地告诉我。”

后来，公司所有的新老员工都有了一整套本公司生产的适合自己的化妆品和护肤品。杰瑞丝女士亲自做了详细的示范。她还告诉员工，以后员工在购买公司的化妆品时可以打折。

杰瑞丝女士亲和的态度，友善的口语表达，使她自然地与员工打成一片，成功地灌输了她正确的经营理念。亲和力易于消除人与人之间的隔膜，进而有效地把自己的思想传递给对方。

亲和力是女人与生俱来的一种优势。亲和力是什么，就是放低自己的姿态，平等地与别人沟通交流，这是一种心与心的平等和互惠。所以，不管你身处什么职位，手下有多少人，都不能失去亲和力，如果失去，就会失去别人对你的支持和尊重。

有亲和力的女人，人缘特别好，会特别吸引朋友，讨人喜欢，即使是第一次与人交往，也会令对方心生歆慕之情。

有亲和力的女人，或许不是最优秀的，但是这种亲和之力足以倾倒世人，让人们忽视她的缺点。有亲和力的女人，或许不是最漂亮的，但是只是一个爱笑的眼睛，一句温柔的话语，就可以将整个形象放大，让人们不禁赞叹：这个女人因为亲和而美丽。

反之，没有亲和力的女人，即使很优秀，也不见得会令人愿意与之深交。这种居高临下的优秀气势，反而会让人们感到某种距离和压抑，以致敬而远之。

所以，女人缺少什么也不能缺少亲和力。亲切、和善、友好、热情、谦虚，应该是亲和力的重要因素。

那么，女人怎样提高吸引力、亲和力，让自己获得好人缘呢？

1.容纳是人际关系的维生素

每个人都希望自己完全地被他人所接受，希望能够轻松地与人相处。男人希望得到女人的接受，女人也渴望得到男人的认可。

在和人相处时，很少有人敢于完全地暴露自己的一切。而一旦遇到亲切而友善的人，就会觉得轻松自在、毫无拘束，极愿和对方在一起。因为有亲和力的人，给人一种真诚值得信赖的印象。所以，人际交往的乐趣，只是在和能够接受自己的人在一起才会表现出来。

作为女人，要学着容纳他人，接纳他人。首先接纳了对方，才能被对方所接纳。而女人一旦愿意接纳了他人，对方就会因为信赖而愿意倾其所有，与之交往。

2.用放大镜看待别人的优点

专门找别人错处而吹毛求疵的女人，一定不受欢迎。所以，女人不要设定标准叫别人的行为合乎自己的准则，学着给对方一个自我的权利，学会尊重，对方的优点就会在眼里放大，形象也会变得光辉高大起来。不要求对方完全符合自己的喜好，以及行动完全符合自己的要求。要让身旁的人感到轻松自在，要在别人面前展示亲切随和的魅力。

一个女人如果能接受任性、残暴的人，往往具有带动他人向上的最大力量。一个原本脾气暴躁、动作粗鲁的人，在温柔亲切的女人面前可能会变成一个和善、可靠的人，原因就是被女人的亲和力量所征服。

3.对别人表示认可

每个人都渴望获得他人的认可。如果说容纳对方的缺点与短处，伸出热情的双手接受对方，可能只会维持彼此间的情感，让对方感知和感激。而如果认可对方具有某方面的优点和长处，很可能会塑造或改变一个人。认可的力量是巨大的，如果停留在接受忍耐对方的缺点上不足以改变一个人，而认可则会让一个人变得更好。

被人承认是每个人所渴求的。而哈佛大学认为，对人表示认可的一个有效方法是：夸奖对方还没有显现出来的长处，因为每一个人一定都拥有不为人所知的优点。

4.重视和关注他人，因为每个人都不想自己被忽视

每个人都有受人重视的愿望，要求别人能够重视自己的价值，不希望自己被轻视。

所以，不要怠慢他人，学会时时感谢他人。承认每个人的独特的价值，然后给予重视，自然会赢得别人的真心微笑与亲近感。

母性温柔是女人最根本的品性

高情商的女人都懂得，女人天生是为母亲的角色而准备的，心中永远依恋着的始终是深深的母性情结。当女人做了母亲之后，就懂得了生命与美的关系。

一个女人如果有了孩子就完成了一次蜕变，母亲的光辉让她温柔无比。好莱坞著名的女明星安吉丽娜·朱莉，曾经以豪放叛逆著称，人称“好莱坞发电机”。无论是在工作还是在生活当中，她所表现出来的强大，令许多男人都无法与之相比。但是从她的养子、柬埔寨孤儿马克多斯身上，我们看到了她身上温柔的母性。虽然儿子并非她自己亲生，但安吉丽娜把养子当成掌上明珠，到哪儿都抱着，当她低头望着儿子时，那温柔的眼神，让人为之感动不已。因为喜欢儿子马克多斯，安吉丽娜开始喜欢更多的孩子，后来，这位爱心妈妈成为联合国的慈善大使。为了不让马克多斯孤独，安吉丽娜又收养了一个俄罗斯孤儿。连安吉丽娜自己也说：“恐怕除了马克多斯，这个世界上哪个男性也没有得到过安吉丽娜这么多的温柔！”

母亲的眼神是对孩子最好的抚慰。成为母亲后的女人，她的眼神、微笑、拥抱和话语，无不传递着浓浓的母爱，缭绕着一种动人的神韵。在举手投足间，女人味无处不在。因为对生命有着发自内心深处的怜爱，一个做了母亲的女人的眼睛是一双善于发现生命之美的眼睛，眼神里经常充满着欣喜、疼爱、慈祥、赞许和关怀。因而，这包含着母爱柔情的眼睛自有一种独特的美。

母亲的微笑通常包含着对子女的赞许、宽容、温柔和慈爱。因此，母亲的微笑不仅能让子女感到母爱的温暖、得到母爱的鼓励，看到世界的美好与和谐，从而使子女也学会微笑从容地面对生活。所以，一个永远保持微笑的母亲是最有魅力的女人。

母亲的鼓励和欣赏是对孩子最好的奖赏。在母爱的呵护和关怀下成长起来的孩子，长大后也能以一种明朗的心境自信而执著地去追求梦想。因为一个成功的母亲，会传递给子女成功的力量和气质。母亲是孩子最好的老师。

母亲的怀抱是世界上最温暖的摇床。不管一个女人在做母亲之前是多么矜持羞涩、或是多么粗枝大叶，一旦做了母亲之后，那呵护生命成长、充满母爱深情的拥抱就会变得自然而娴熟。当婴儿呱呱落地，母亲做的第一件事就是张开双臂，小心拥抱这稚嫩的生命。孩子那柔软的身体往往会触动一个女人最原始、最本能的母爱。当孩子投入母亲怀里的一瞬，即使是身体再柔弱的女人，释放出的母爱关怀都会像一股莫大的暖流，令孩子感到无比的安宁和温暖。这无处不在的亲子拥抱，让一个女人感到做母亲的自豪和满足，体味到一种真正的做女人的甜蜜和幸福。而这样的自豪、满足、甜蜜和幸福，让一个母亲表现出来的是圣洁的魅力，伟大的魅力。

母亲的形象是孩子最好的榜样。做了母亲的女人，有着一种由母爱和自信托起的婉约气质，也就是人们常说的成熟韵味。这种成熟的韵味并不是做了母亲后就自然而成的，而是在陪伴着孩子一起成长过程中，在天长日久的付出和爱中慢慢积淀而成的。

1.母性使女人变得坚强

每当女人为母性的光辉所笼罩时，人们的心灵都会被深深地震撼。女人的体格通常是柔弱的，但当她的孩子处在危难关头时，身上所有的能量都会在瞬间得到爆发。因为，每一个母亲都是孩子最坚固的屏障。心中唤起的母性之情，将一个柔弱的女人变得无比的强大和坚韧。

2.母性使女人学会了爱和付出

女人会在关键时刻挺身而出源自于朴质与坚韧的爱，这是母性的一种升华。母性是女人天性中最坚韧的力量，这种力量是世界上任何东西都无法阻挡和抵抗的，有了母性的力量，就没有一个母亲承受不了的苦难。

一个女人做了母亲之后，不知不觉内心就会变得宁静而宽阔，心中升起对子女的无限柔情。做了母亲的女人，心中装满了爱和无私，愿意为了子女的幸福而心甘情愿地付出一切。这就是母爱的伟大。

3.母性使女人的形象高大而美丽

具有母性光辉的女人，总是最温馨最动人的。带着孩子的女人，整个人更显得温和明朗，笼罩着母性的光环。虽然外貌不见得美丽，但是眉宇间的那种气质，让人不由得感到亲近。

女人的幸福应该是甜蜜的爱情、完美的家庭、稳定的工作。拥有母性的女人，也紧紧拥住了属于自己的爱情、婚姻、家庭、事业和儿女。当一个女人身上散发出缕缕母性的柔情时，世界上的一切对于她们来说都变得无比美好而温馨。

母性让女人的形象变得高大起来，有了母爱的支撑，一切就将坚不可摧。散发母性光辉的女人，虽然曾经柔嫩的娇颜上被岁月雕琢出了精细的皱纹，但是却留下了最庄重的雍容与优雅，那是一个母亲的美。

★温柔的气质和风范体现在女人的仪表、谈吐、举止、思维和行为习惯上，温柔代表着女人纯洁、优雅、真挚的人格魅力。

★当你成为一个男人的妻子，你的角色不仅仅是生儿育女、操持家务，还要有让男人心甘情愿爱你、听你话的能力。

★如果一个女人无论走到哪里都能够制造出温暖、融洽的气氛，那么她是永远不会被遗落在丈夫背后的。

★当人们看见一个温柔的目光，或许是看见一个迷人的微笑，或许是看见一个优雅的举止，听到亲切的言谈，便不由自主地会形成一个印象和好的评价：这个女人很不错，很讨人喜欢。

温言软语，以柔克刚，女人沟通的制胜法宝

哈佛情商课强调，沟通是一个人立身处世不可或缺的基本能力。有效地沟通，是人与人之间建立良好社交关系的基础，也是在工作中提高效率、增强竞争力的关键。拥有良好沟通力和好口才的女人，在各方面都会表现得更胜一筹。善于沟通的女人，能在倾诉和倾听两者之间自如转换，从来不会大嗓门地唠叨和争吵，而是用温柔的语气和温和的态度和颜悦色地说服对方，如春风化雨滋润人心。

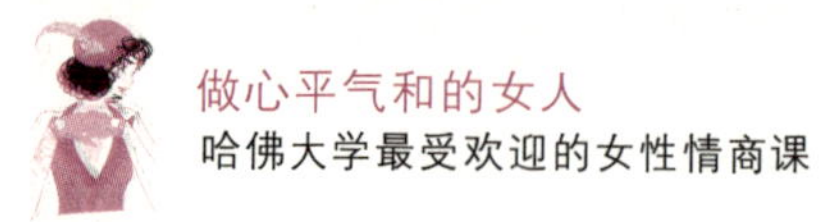

打造女人的沟通力

哈佛管理学教授韦恩·佩思所说：“沟通是人们和组织得以生存的手段，当人缺乏与生活抗争的能力时，最大的根源往往在于他们经常缺乏适当的信息，不充分吸取组织的信息，除了本身的努力之外，很大程度在于他们是否拥有重要的信息和完成工作的技巧，而这些信息和技能的获得，又取决于在技能学习和信息传递过程中的沟通的质量。”所以，充分有效地沟通，是人与人之间建立良好社交关系的基础和能力，也是一个团队提高效率、增强竞争力的关键。

正因为沟通是如此重要，哈佛大学的学子都十分重视塑就自身超强的沟通能力，另外一方面还要在所领导的团队里面建立高效的团队沟通机制。

艾瑞卡是一家房地产公司总裁的公关助理，奉命聘请一位特别著名的园林设计师为本公司的一个大型园林项目做设计顾问。但这位设计师已退休在家多年，且此人性情清高孤傲，一般人很难请得动他。

为了博得老设计师的欢心，艾瑞卡事先做了一番调查，她了解到老设计师平时喜欢作画，便花了几天时间读了几本中国美术方面的书籍。她来到老设计师家中，刚开始，老设计师对她态度很冷淡，艾瑞卡就装作不经意地发现老设计师的画案上放着一幅刚画完的国画，便边欣赏边赞叹道：“老先生的这幅丹青，景象新奇，意境宏深，真是好画啊！”一番话使老先生升腾起愉悦感和自豪感。

接着，艾瑞卡又说：“老先生，您是毕加索的风格吧？”这样，就进一步激发了老设计师的谈话兴趣。果然，他的态度转变了，话也多了起来。接着，艾瑞卡对所谈话题着意挖掘，环环相扣，使两人的感情越来越近。终于，艾瑞卡说服了老设计师，出任其公司的设计顾问。

现代快节奏的工作和生活迫使人们成为高超的沟通者和信息管理者。在工作中，进行充分的沟通能防止误解指令等问题的出现，并且有助于减少时间和精力的浪费，从而提高生产力。在生活中，有效的沟通能够避免产生误解，有助于建立良好的人际关系，增加生活的乐趣。

有研究表明，男女在沟通风格上是存在性别差异的：女性更喜欢用交谈来建立亲和感，男性更喜欢用交谈来提供资讯、展示自己的才能，以此来保持独立性与身份。女性需要情感上的理解，而不仅仅是解决方案。当女性压力过大并与他人分享这种感受的时候，她们所寻求的是他人能够对自己感同身受，并且理解自己的处境。如果她们感到有人仔细倾听，压力就会得到释放。男性喜欢独自解决问题，而女性喜欢与别人讨论解决方案。

女性把分担问题看成是建立并深化关系的一次机会；男性更可能把问题看成是他们必须独立面对的挑战。这些差异所造成的沟通结果是，遇到难题时男性也许会变得沉默寡言。

男性往往说话更直接，更少道歉，而女性则比较谦恭有礼。面对分歧时，女性倾向于调解，男性则变得更强势。男性比女性更感兴趣于吸引他人对自己成就的关注或独享赞誉。

了解这些差异能帮助你理解他人的沟通行为。例如，如果一位男性同事不像你想象的那么有礼貌，要记住那仅仅是性别使然，不要过度针对个人。当女性诉说问题时，她们也许不是在寻找有用的建议，而仅仅是在寻找愿意倾听她诉说的对象，这样她们可以解决情绪方面的问题。

成功女人，能说会道

哈佛情商课强调，良好的沟通力是成功的必要条件。一个成功者，必定是口才一流、说服力超强的人。而女人如果拥有高水平的谈吐能力，能说会道，口齿伶俐，一定会为自己的成功增光添彩。

在人类的潜意识中，说话的能力似乎是人类与生俱来的一种本领，从咿咿呀呀地学说话，到能够独立流畅地与人交流，每个人都觉得这是一个水到渠成的事情。

一般人认为只要哪个年轻女人天生丽质、长得漂亮，就有可能交上好运。其实，有些女人虽然外貌标致俊美，服饰更是新奇漂亮，但素养较差，语言浅陋，不仅当众说话毫无魅力可言，其外表的美貌也因此而丧失了光彩。而有些女人则是天生的社交高手，这不一定是因为她们拥有多么出众的外貌，而是因为她们无论在什么场合，都能妙语连珠，博得满堂彩，从而也为自己增添了人格魅力。

女人可以不漂亮，但是一定要会说话。说话恰当得体、妙语连珠，会为你的美丽加分，为你的魅力添彩；而说话粗俗浅陋、词不达意，则会使女人的自我形象受损。

亚里士多德曾经说过，漂亮比一封介绍信更具有推荐力，也更容易被人们所接受。事实上也的确如此。可以说，出色的美貌是女人的一种竞争力。但天生容貌出众的女人并不多，庆幸的是，与美貌相比，良好的口才更是女人脱颖而出的资本。

其实，语言是智慧碰撞出来的火花，“天生木讷，不善言辞”只不过是人们用来搪塞的借口，是为自己语言能力的不济而找的理由。用这样的借口来搪塞的人，其理由其实是站不住脚的。如果你不刻意地加强自己这方面的修养，就不能取得长足的进步。语言能力并不是天生的，而是后天形成的，是人们在社会实践中逐渐掌握的一门技能。

对于现代女性而言，要想拥有幸福，取得成功，并非只靠漂亮的外表，更重要的是靠应情应景的语言表达。一个会说话的女人，必定能够将自己的智慧、优雅、博学、能力通过自己的口才展示在众人面前，从而使自己受到周围人的喜爱。

世界知名化妆品品牌玫琳凯的创始人玫琳凯·艾施，就是一位极会说话的高贵女人，她说的每一句话都会让身边的人感觉舒适、轻松和温暖。据说，在她创业初期，曾经经历过这样一件有趣的事：

一天，她与朋友一起去逛服装店，无意中听到了一个金发女孩和一个

黑发女孩的对话。当时，金发女孩正在试穿一件衣服，衣服看起来很合身，很漂亮。

看着同伴穿着漂亮的衣服，黑发女孩由衷地称赞道："这件衣服真的很漂亮，只是没有刚才那件好，那件衣服的扣子太漂亮了。"

金发女孩听后很不高兴地说道："我很讨厌那件衣服，尤其是扣子，难看死了，我才不要呢！"黑发女孩本来是好心提个建议，听到同伴这样说话，看起来也有些生气。看了金发女孩一眼，撅起嘴不再说话了，两个人谁也不再搭理谁，金发女孩也把衣服放下，打算走人。

玫琳凯把这一切都看在眼里，她笑容满面地走过去，轻声地对金发女孩说："刚才这件衣服你穿上很漂亮，尤其是衣服的领子，把你的气质衬托得很高贵，如果你再配上一条项链，那就更加完美了。"

金发女孩儿听后羞赧地一笑，低声说，"其实刚才那件的扣子也很漂亮，不过我更喜欢这件衣服的领子。"说罢，牵起黑发女孩儿的手，高兴地买下了衣服。

中国著名的节目主持人杨澜，也是凭借着优秀的口才，才取得了巨大的成功。

杨澜本来只是北京外国语大学的一名普通大学生，并没有什么惊人之举。正大集团结束了与几个地方台的合作，转与中央电视台共同制作《正大综艺》。双方决定要挑选一位有大学经历的女大学生做主持人，杨澜也被推荐参加试镜。

一开始，杨澜并不被人看好，只是因为她的气质较佳，所以才能一路过关斩将杀入总决赛。据一位导演透露，虽然杨澜被视为最佳人选，但是有些人认为她不够漂亮，所以是否用她尚不能确定。

最后确定人选的时候到了，他们要在杨澜与另外一位连杨澜也不得不承认"的确非常漂亮"的女孩子中间选择一人。杨澜的好胜心一下子被激起，她想："即使你们今天不选我，我也要证明我的素质。"

这次考试两人的题目是：一、你将如何做这个节目的主持人？二、介绍一下你自己。

杨澜是这么开始的："我认为主持人的首要标准不是容貌，而是要看她是否有强烈的与观众沟通的愿望。我希望做这个节目的主持人，因为我喜欢旅游，人与大自然相亲相近的快感是无与伦比的，我要把自己的这些感受讲给观众听。”

在介绍自己时，杨澜是这样说的：“父母给我取‘澜’为名，就是希望我有像大海一样的胸襟，自强、自立，我相信自己能做到这一点……”

最后，杨澜被录取了。在《正大综艺》节目一步一步打拼，取得了自己人生最初的辉煌。

会说话的女人才会拥有美好的爱情、幸福的家庭，才会拥有和谐的人际关系，才会拥有超强的人脉资源。所以，女人可以不漂亮，但是却不可以没有好口才。因为，会说话的女人本身就具有一种超能力，她可以将自己的智慧、优雅、博学、能力等优点通过自己的口才展示给众人，从而进一步提升自己的魅力指数，并最终成为集万千宠爱于一身的女人！

女人要懂基本的谈吐礼仪

哈佛情商课指出，拥有一流口才的人，社交能力和处世能力会更强，更受人欢迎，赢得青睐。女人要在社交舞台上展现自我，就需要有口吐莲花的能力。

好口才是女人的社交魅力的标签。每一处的言谈举止和谈吐礼仪都体现着女人的素质以及品格。一个气质出众的女人，不仅要有漂亮的妆容，还要有得体的言行，并能通过言行凸现自己的优点，才能成为社交场上的交际花。

在社会中生存是需要沟通、交流的，人与人之间交流思想，沟通感情最直接、最方便的途径就是语言。语言作为一种艺术，具有巨大的美感与魅力。它能缔造友情、密切亲情、寻觅伴侣、调和关系等，是人际交往中最不可缺少的工具，更是连接人们之间关系的纽带。语言的运用质量，直

接决定了人际关系的和谐与否，进而会影响到事业的发展以及人生的幸福。女人们若能拥有卓越的口才、懂得说话的技巧，不仅会拥有一个幸福的家庭，更会拥有美好的前程。

每个女人说话的效果都会千差万别，原因在于说话的方法，说话能力的差异，也就是说话水平的高低。在今天这样的文明信息时代，探讨学问、接洽事务、交际应酬、传递情感等都离不开口才。要想成为一个受欢迎的女人，得会说话、有口才。

成功的女人正是依靠出众的口才而被朋友尊敬，被社会认同，被上司青睐和被下属拥戴的。拥有好口才的女人能就众人熟知的事物提出独到的观点；有广阔的视野，谈论的题材超越自身生活的范畴；充满热情，使人对其所提出的话题感到兴趣盎然；有自己的说话风格……

口才是一个女人的知识、气质、性格乃至思想观念的综合方面的反映。而这些特质，是可以通过后天的训练得来的。只要肯下工夫练习，每个女人都可以成为口才大师、说话高手。一个女人必须不断地加强自身修养，同时拓展眼界和知识，才能进一步使口才成为事业腾飞的羽翼。

社交场上的成功女性，必定会在言谈中闪烁着真知灼见，给人以深邃、精辟、睿智之感，也会给自身带来更多的利益和机遇。

有口才的女人不但要能口吐莲花，受人欢迎，而且要遵守基本的谈吐礼仪。

1.女人要讲谈吐礼仪

谈吐礼仪要求女人在讲话时要用有魅力的声音，给人以美的享受。要使自己说话的声音充满魅力，这需要每天不断地练习。首先在与人谈话时，音量要大小适中，语调柔和，避免粗厉尖硬的语气。其次讲话速度要快慢适中，给他人留下稳健的印象，也给自己留下思考的余地。

注意音调的高低起伏、抑扬顿挫，可以增强讲话效果。在说话时要吐字清晰，声音响亮圆润，避免含糊其词和咬舌的习惯。练习让自己的嗓音更甜美，更标准，自然地表达丰富的思想感情。

2.谈吐文雅

谈话文明礼貌的基本原则是尊重对方和自我谦让。谈话中要给对方认真、和蔼、诚恳的印象，如果心不在焉就是失礼，会引起别人的反感。

在谈话中不要流露出对别人的轻视和傲慢的姿态，即使自己比别人有优越的方面。只有由衷地真诚地对人尊重，才能在语气上表现出恭敬之情。只有用语言表达相互尊重，才会更好地与人和睦相处。

3.多使用礼貌用语

谈话中对他人多使用敬语、敬辞，对自己用谦语谦词，会分外显得有礼貌，有修养。女人说话应该是文雅的，而不是粗俗。在一些正规的场合以及有长辈或女性在场的情况下，谈吐文雅能体现出女人的文化素养。言谈举止彬彬有礼，人们就会对良好的个人修养留下深刻的印象。比如，在待人接物中，可以多说“请”、“谢谢”、“慢走”、“您好”等礼貌用语。

在不同的场合以及不同的人面前应正确运用礼貌用语。如在陌生人、长者、上级与朋友、熟人面前，讲话时的神态表情、声调、措辞等都要有所不同，恰当地运用会给人们的交往带来方便。陌生人初次相识，说声：“您好，认识您很高兴。”彼此关系很快能融洽起来。日常的问候有助于增进人与人之间的感情。

甜言蜜语是女人生活的催化剂

热恋时，鲜花、咖啡和电影，几乎所有工作之余的时光都被甜美、温馨的两人世界占满了。然而，随着步入婚姻殿堂，婚后许多实际的家庭生活琐碎问题开始接踵而来，夫妻之间说甜言蜜语的机会也没有了。殊不知，甜言蜜语是生活中的催化剂，能够给生活带来温馨和愉悦。即使老夫老妻，也要甜言蜜语。

哈佛大学通过对一定数量的夫妻调查后得出结论，在现在这个信息高度发达的社会中，大约有16%的夫妻在婚后每天都会进行情感交流，有41%的夫妻一周能够做到3次情感交流，还有22%的夫妻一周可以做到5次

交流。另外，还有21%的夫妻一周只进行一次情感交流。

很少有人能认识到在日常工作和生活中，我们是多么需要甜言蜜语，因为甜言蜜语，不仅使我们能够感受到乐趣和温馨，同时也能给人带来自信。

俗话说："良言一句三冬暖"。通常人们在婚前都会说些甜言蜜语，结婚后以为是自己人了，没必要那么讲究了。其实，一家人，也需要尊重，也需要讲究语言艺术。在婚后，如果能恰当地给对方一些甜言蜜语，婚姻会更幸福。

有很多女人总是习惯了听男人的甜言蜜语，却不曾对男人说过什么"肉麻"的话。其实，男人和女人一样，也爱听甜言蜜语。会说话的女人会适时地把自己的甜言蜜语送给他，博得他的欢喜和宠爱。

总之，不管是男人还是女人，都喜欢听别人的甜言蜜语。甜言蜜语可以让女人的爱情增辉添彩，充实女人的婚姻生活。

在现实生活中，男人作为家庭或者说未来家庭的保护神，除了承受社会、家庭、爱情等方面的压力，还要不时迎接自尊给他们带来的挑战。因此一个男人不管不顾地陷入爱情的时候，就是他最脆弱的时候。在这个时候，女人一句美言就能让他备感关怀。

那么，什么样的话最能收服男人的心呢？请回顾一下，下面举出的这些话，你曾经对他说过多少？

1.我爱你

是的，男人也爱听你说："我爱你"，他爱听的理由其实也和你一样。如果想增添一点情趣，你还可以动用日语、法语、希伯来语……对他说："我爱你"，而不是说："我也爱你。"

2.你真有智慧

如果一个男人夸一个女人智慧，好像就意味着她的长相有待商榷，可是如果一个女人对男人说："你真有智慧"，男人则会很受用，因为相比较来说男人的智慧比帅气的外貌更值得自豪。尽管很多赞誉的话都是废话，谁不知道自己几斤几两呢？可是既然所有的人都爱听，那么它的存在就是不能被抹杀的。赞誉是一种动力和承认，也是一种找回或者增加自信的很好的凭借物。

3.你真幽默

有幽默感的男人总是吃香的，只要他不是一个话痨或者小丑。幽默男人的周围总是一片欢声笑语，在这轻松的氛围中，你真诚地对他说："你真幽默。"想必他的内心也是欢喜的。

4.你真大方

在我们这个物质生活还没有彻底地极大丰富的社会里，慷慨的男人还是缺货。因为很多时候男人在物质方面对自己的大方，就代表着对自己的爱。比如他花了半年的工资给你买了一个价格不菲的钻戒，这说明他非常在意你，而你在接受礼物的时候也不妨夸他一句"你真大方"。

随着年龄的增长，人会越来越成熟，可是不能说所有的成年人都是成熟的。成熟的男人和女人都散发着一种独特的魅力。所以，在某些时候，绅士就是对男人最好的赞美。

5.你真能干

他们努力让自己很出色，但是却少有女人对他说"你真能干"，不要那么吝啬，即便他没有你想的那么出色。

6.你是天底下最棒的老公

爱护女人天经地义，爱护老婆责无旁贷。那么，如果他表现不错，比如主动帮助你做家务，你就要不失时机地对他说："你是天底下最棒的老公"，他听了不仅高兴，还会更加愿意做一名好老公。

当然，说这些甜言蜜语也是需要一定技巧的。只要你稍加留意，就会发现你最亲近的男人喜欢听什么，不喜欢听什么——这样一来，你多说对方喜欢听的，不说对方不喜欢听的也就是了。

换个说法谈事情，沟通效果大不同

在工作中，我们离不开与人沟通，在生活中，我们同样离不开与人沟

通。但是，想要达到理想的沟通效果，要讲究正确的方式。许多女人不明白，恋爱时，为博美人一笑，男人的话多得如滔滔江水，而到了结婚后，回到家里，你想找他聊天，他说累了；你和他说点家里的事，他敷衍了事；甚至你冲着他大吼，他也依然我行我素。男人关上了嘴巴的门，这时女人就要开启一扇心灵对话的窗。

交流永远是要双方互动的，如果只有一个人说话，永远都算不上是交流，更谈不上是有意义的交流。所以，有效地互动，你一言我一语才是交流成功的前提。女人，如果想在交流沟通的过程中与老公实现有效的互动，需要懂得用各种不同的方式，方能打开他的话匣子。

如果既要让老公开口，又想自己掌握和控制谈话，那么你就要学会提问。有效的提问可以促进交谈，使夫妻间的表达更加顺畅。一个得体恰当的提问往往能引起老公积极的回应和愉悦的情绪。不过，别小看了提问，我们当中很多人其实并不懂得如何开启话题。

陈香生了孩子后就做了全职太太，一心一意在家里相夫教子。每天老公下班回来，为了表示对老公的关心，她都会关切地问一句："今天怎么样啊？"

老公会冷淡地回应一句："还行。"

接下来，两个人似乎都失去了表达的欲望。

这样的问题太宽泛了，老公似乎只能回答简单的两个字或一句话，两个人没有形成有效的互动。而且，"今天怎么样"这样的问题听上去就像是随口问问，不是真的想了解什么情况，所以回答也往往是敷衍，让老公每天都要回答这样的问题，他一定会感到厌烦。

如果陈香换个方式来做，效果就会好很多：

陈香可以读读报纸，看看新闻，然后在老公休息的时候就他比较熟悉的话题提出一些具体和开放式的问题。采取这个方案之后，陈香果然不再向老公提出诸如"怎么样"之类的问题，而是和老公谈起了自己小时候爱吃的零食，而这些零食现在已经销声匿迹了。陈香的回忆也勾起了老公的无限怀念，两个人你一言我一语地谈了很久，都非常开心。最后，老公还轻轻吻了陈香一下，跟她说："老婆，你今天真迷人！"

还有一个例子：

何洁为了跟老公庆祝第一个结婚纪念日，想表现得有主见，所以当老公想去餐馆吃饭时，她马上提议："我觉得去那家韩国料理就挺好的，是吧？"

"……好吧。"

何洁提出的是一个典型的带有引导性的问题，对方似乎只能同意她，而不是跟她商量。这样的例子还有："每天晚上看两个小时电视就够了，你说呢？""已经很晚了，你就不要出去了。怎么样？"

假如何洁意识到自己的控制欲，她可以这样改正：

"我喜欢吃烧烤，你喜欢吃涮肉，要不我们这次先听你的？下次再听我的？"

老公闻此，肯定会高兴地赶紧说："不用啦。这次就满足你的愿望吧。"

这些例子生动地告诉我们，交流要掌握分寸和技巧，不合时宜的提问会引起对方的厌烦；不合适的问题也会招致老公心底的抵触，甚至反感。会说话的女人就像是一个会打乒乓球的人，一定要把球打出去还要让对方接得到，这样一来一往，才能够算得上是真正的交流。

委婉迂回是女人的沟通智慧

懂得如何使用迂回表达，这是女人在沟通方面最智慧的一个表现。但凡高情商的女人无不懂得运用这一沟通法宝。

美国经济危机期间，约翰的家像许多家庭一样陷入了贫困之中。约翰是家中最小的孩子，他的衣服和鞋都是哥哥姐姐们穿小了的，传到他这里，已经破烂不堪。

一天早上，他的妈妈递给他一双鞋，鞋子是褐色的，脚趾部分非常

尖，鞋跟比较高，很显然是一双女式鞋。他虽然感到很委屈，但是他知道家里确实没有钱给他买新的鞋子。

快走到学校的时候，他低着头，生怕遇到自己的同学，笑话自己。可是，突然，他的胳膊被一个同学抓住了，只听对方大声喊道："哎！快来看呐！约翰穿的是女孩子的鞋！约翰穿的是女孩子的鞋！"约翰的脸刷一下就红了，他感到既愤怒，又委屈。

就在这时，杰瑞丝老师来了，大家才一哄而散，约翰也乘机回了教室。

上午是杰瑞丝老师的课，她问大家想不想听有关牛仔的生活和印第安人的故事，大家都说想听。于是，杰瑞丝老师给大家讲起了有关牛仔的生活和印第安人的故事，大家听得津津有味。杰瑞丝老师有个习惯，就是边走边讲。

当她走到约翰的座位旁边，她嘴里仍旧不停地说着。突然，她停了下来。约翰抬起头，发现她正在目不转睛地注视着自己的那双鞋，他一下子又感到无地自容。

"牛仔鞋！"杰瑞丝老师惊奇地叫道，"哎呀！约翰，这双鞋你究竟是从哪里弄到的？"

她的话音刚落，同学们立刻蜂拥了过来，他们羡慕的眼神让约翰快乐得近乎眩晕。同学们排着队，纷纷要求穿一穿他的"牛仔鞋"，包括先前嘲笑他最厉害的那位同学。杰瑞丝老师没有直接对嘲笑约翰的那位同学说："你错了。"因为那样会让约翰更没面子，她采取了一个特殊的方式，保全了约翰的面子。

在日常交往中，当双方在某个问题上争执不下时，谁懂得迂回表达，谁获得成功的可能性就越大。

一位女销售员正接待一位年近花甲的老人。老人选好了两把牙刷，由于销售员忙着去接待另一顾客，老人道声谢后就抬脚走了。这时女销售员才想到钱还没收。

女销售员一看，老人离柜台不远，便略提高声音，十分亲切地说："太太——你看——"老人以为什么东西忘在柜台上了，便走了回来。女销售员举着手里的包装纸，说："太太，真对不起，你看，我忘记给你的牙刷包上了，让你这么拿着，容易落上灰尘，多不卫生呀，这是入口的东西。"

说着，接过老人的牙刷，熟练地包装起来，边包边说："太太，这牙刷，每支5美分，两支共10美分。"

"哎，你看看，我忘记给钱了，真对不起！"

"太太，我妈也有您这么大年纪了，她也什么都好忘！"

这个女销售员用了一个小小的"迂回术"，很自然地把老人请了回来，又很自然地把谈话引到牙刷的价格上，这样一点拨，老人也就马上意识到了。

整个谈话中，这位销售员没有一个发难的词，没有一句说及钱未付，启发得十分自然，引导得十分巧妙。

以恰当的方式表达自己的感受

哈佛心理学家通过对众多男女生活情况的调查咨询，结果表明：男人要先沟通，才会有好的感觉，而女人要先有好的感觉，才愿意沟通。

在男女相处过程中，男人认为有不满就要说出来，对方才能知道，不必猜来猜去；而如果不把不满说出来，对方便无从改善，所以表达不满是为了点醒对方、解决问题，是一种善意沟通的桥梁。

女人是不习惯有什么不满就发泄出来的，往往为了不想破坏感觉与关系，多半会先采容忍的态度。女人也不习惯用言语来表达情绪的，女人认为如果男人真的在乎，就不会一点都察觉不出女人的不满情绪，即使没说出来也该知道；但如果男人不够用心，说出来有可能就有危机。

路易斯和老公结婚时，两人都快30了。各人的生活习惯都已基本形成。他最大的特点就是好和朋友三天一小聚，五天一大聚，有几天不聚就找不着北。结婚后没多久，他就嫌两人你看着我，我看着你没劲，晚上下班不回家，经常往他那帮哥们那儿跑了，有时候夜里一二点才回来。路易

斯忍无可忍就和他大吵。越吵他就越不爱回来，有时候干脆就在他哥们儿那睡了。路易斯被他气得觉也睡不好，饭也吃不下。他又没别的毛病，总不能刚结婚就为这件事离婚吧？

一位朋友建议路易斯去看看心理医生。路易斯心想，心理医生还能治夫妻不和，反正也没别的办法，她真的就找心理医生去了。

医生给了路易斯一个建议：当他再晚回来时，你不要跟他吵了，要给他准备好洗漱用品，做一点消夜，并留一张字条，让他吃点东西，洗洗再睡，免得第二天没精神上班。

天啊，这是什么建议？路易斯也太低声下气了，凭什么他回来晚了，我还要这样对他？医生说：“凭什么？你不是想让他少出去吗？你先试一试吧。”

回家后，路易斯强压怒火，按照医生说的做了。第二天起床后，老公十分不好意思地对路易斯说：“真对不起，以后我尽量不那么晚回来了。”路易斯心里暗暗高兴。从此以后她的老公的确没有再那么晚回来过。

夫妻沟通最大的障碍在于语言不同，又不肯屈就对方的语言，结果是连沟通的意愿也没有了。

男人常把女人的抱怨当“故障报修”来排除，女人则常把男人的抱怨当“移情别恋”来象征。

男人总把女人的抱怨当做是对自己缺点的不满，以为只要将这些缺点改掉，就可以解决问题，关系也就可不受影响。女人常把男人的抱怨当做是“不再爱我”的象征，然后便开始怀疑是否“魅力不再”，或怀疑对方是否有了新欢。

男人的无知在于以为行为的改正可以挽回女人受创的感觉，其实抚平伤口最有效的方法是创造一个甜蜜的感动，而不是发誓“下不为例”。而女人的天真在于以为把自己打扮得像个野花，就可以让男人不会去摘野花，其实有时男人的喜新厌旧不是真想另起炉灶，而是想证明自己还有人要……此时，越是一哭二闹，往往就越容易适得其反。

穆德莉发现彼得对自己越来越不够重视了，白天他忙着工作，晚上忙着应酬，跟自己说话的时间越来越少了，也没有时间关心孩子了。有一些事情，穆德莉一直想和彼得商量。

一天晚饭后，穆德莉问彼得："晚上准备做什么呢？"

"看电视呀，新闻时间马上就到了。"

"看完电视以后呢？做什么？"

"嗯，我想想，对了，八点半约了一个老朋友，我想和她聊聊近期股票投资的事。"

"然后呢？"穆德莉问。

"没有了。"

"那当你办完这些事之后，能不能帮我做点儿事呢？"

"好啊，什么事？"彼得答。

"陪我聊一会儿，我想跟你分享一下近期孩子的成长和进步。"

彼得听穆德莉这样一说，立刻反省到自己的错误。他赶紧向穆德莉道歉，说自己最近对家里关心不够。

穆德莉先耐住性子，等对方把缺陷充分表现出来之后，才以委婉的口气将事实列举出来，使之与缺陷相对照，产生强烈的反差，从而造成既好笑又有责备意味的幽默效果，使对方听后不觉刺耳。这样的讲话技巧，难道不比抱怨更好吗？

男人和女人天生在感情世界的行为模式就是不同的。当男人在婚后将热情冷却、由浪漫转为理性生活的同时，女人却才开始打开心门准备享受浪漫……

除非这辈子你都不再相信婚姻，否则与其去等待上帝会带给你奇迹，还不如学会认识与你的他真正的沟通方法吧。

幽默的女人看上去会更可爱

高情商女人将幽默作为与人沟通的一种特殊的力量，她们认为，说话幽默的人是有情趣的人，说话幽默的女人看上去会更可爱。一个有幽默感

的人是有魅力的，会利用幽默的艺术润滑和缓解矛盾，调节人际关系，给众人带来欢乐。人们都喜欢与有幽默感的人一起交往，因为幽默可以使人更轻松更亲近。如果女人说话时能带点幽默，就能更好地赢得他人的赞赏。幽默的女人一定是众人的开心果。

恩格斯曾经说过："幽默是具有智慧、教养和道德的优越感的表现。"幽默不仅能给周围的人以欢乐和愉快，同时也可以提高个人的语言魅力，为谈话锦上添花。幽默用于批评，在笑声中擦亮人们的眼睛；幽默用于讽刺，在笑声中敲响生活的警钟；幽默用于交流，在笑声中改变人们的情绪和心态；幽默平息矛盾，在笑声中显出人们的洒脱。

女人的幽默能显示出女性的风度、素养和魅力，能让人在轻松活泼的气氛中增加彼此的感情。友善的幽默能表达人与人之间的真诚友爱，能沟通心灵，拉近人与人之间的距离，填平人与人之间的鸿沟。当一个女人和他人关系紧张时，如果用幽默来代替不快，可以迅速地摆脱窘境，而矛盾也烟消云散。

一个善于表达的女人，说话总具有幽默风趣的特征。而幽默的女人一定是快乐的。当一个女人出口成趣时，别人也会被一同带入愉悦的氛围，因此，懂幽默的女人会拥有良好的人际关系。

幽默是一种健康语言，也是一种口才表达技巧。那么，怎样才能学会说话幽默呢？

1.幽默的女人不会让自己陷入尴尬境地

幽默的女人是可爱的，尽管说的话让人感到如憨似傻，却是心境豁达的体现。幽默的女人是智慧的，善于使用幽默的女人，常常能将窘迫的情境化为无形。事实上，当交流陷入尴尬的境地时，一些幽默技巧的运用，可以达到圆场的目的。

比如以下一例：

女翻译与士兵们一起开庆功会，在与一个士兵碰杯时，士兵由于过于紧张，将一杯酒洒到了女翻译的头上。士兵当时吓坏了，可女翻译却用手擦擦头顶的酒笑着说："小伙子，你以为用酒能滋养我的头发吗？我可没听说过这个偏方呀！"说得大家哈哈大笑，也让这个士兵对女翻译充满了感激和崇拜。

用幽默的方式委婉地指出错误，既没有取笑和批评的意思，也没有伤及他人的自尊。用幽默在帮助别人摆脱难堪的同时，也给自己一个台阶下。所以，这个时候，人们称赞的往往不是你的语言功夫，而是你的人品。

2.适当的幽默能帮助女人与他人建立和谐的关系，赢得别人的信任和喜爱

会说笑逗大家开心的女人，去哪儿都占上风。人人都喜爱开心果，不喜欢愁眉苦脸。所以幽默的女人总是把欢笑带给众人，当然赢得人们的欢迎。

一个女人无论从事什么工作，无论处在何种地位，与人交往是不可避免的。幽默不仅能帮女性更好地与他人进行有效的沟通，还能帮助她们处理一些特殊的人际关系问题。

在人际交往中，女人擅用幽默，可以松弛神经，活跃气氛，营造出一个适于交际的轻松愉快的氛围，因而幽默的女人常常受到人们的欢迎与喜爱。

赞美是照在他人心上的一缕阳光

哈佛大学社会心理学家认为，赞美是一种有效的交往技巧，能有效地缩短人际心理距离。莎士比亚曾经说过这样一句话："赞美是照在人心灵上的阳光。没有阳光，我们就不能生长。"所以，在人与人的交往中，适当地赞美对方，会增强和谐、温暖和美好的感情。

每天抱着宝宝出去玩耍，女人们都喜欢把宝宝打扮得漂漂亮亮的。邻居们也好，陌生人也好，见到宝宝的第一眼就会惊呼："睫毛好长！像妈妈。"听到这些话，女人心里已经升腾起一种自豪感。接着别人就会称赞宝宝的皮肤、宝宝的帽子、宝宝的性格，女人的心里自然会得意万分。

节日过后，热闹的办公室人来人往，大家都在相互寒暄，祝贺着节日的快乐，当然不乏赞美之词，这温暖的赞美如同绿草，带给办公室一份春天的感觉。同事们发觉大家的心情都开始好转了，精神觉得非常放松，心情非常愉快！其实，这正是相互赞美的魅力之所在。

沉闷的办公室，充满了文件和繁杂的公务，有一天，我们发现曾经让我们热爱和感兴趣的工作，不知不觉中变得让我们失去了热情，当面临越来越大的工作压力时，情绪会变得焦虑和抑郁，人会变得烦躁，经常想些不愉快的事情，对能完成的简单工作也会觉得复杂和难度增大。而在这个时候，我们内心深处会涌起一种热望，即渴望被关心和赞美。

回忆我们自己的成长经历，谁没有热切地渴望过他人的赞美？既然渴望赞美是人的一种天性，那我们在生活中就应学习和掌握好这一生活智慧。

赞美是发自人内心深处的对他人的欣赏回馈给对方的过程，赞美是对他人的关爱的表示，是人际关系之中一种良好的互动过程。当内心中充满了对他人的爱护时，赞美就会油然而生。当我们能够体验到来自内心深处对他人真诚的关爱时，我们对他人的赞美就会显得恰如其分，自然而然。

那么，怎样赞美别人才是合适的呢？

1. 赞美之词要实事求是

在和人交往的过程中，适当地赞美别人是有礼貌、有教养的表现，不仅可以获得好人缘，而且还可以使双方在心理和情感上靠拢，缩短彼此之间的距离。因为这些适当的赞扬，常常会由此提高了他人的尊严，更有利于改善自己的人际关系。

“你要别人具有怎样的优点，你就要怎样地去赞美他。”实事求是而不夸张的赞美，真诚的而不虚伪的赞美，会使对方的行为更增加一种规范。同时，为了不辜负你的赞扬，他会在受到赞扬的这些方面全力以赴。赞美具有一种不可思议的推动力量，对他人的真诚赞美，就像荒漠中的甘泉一样让人心灵滋润。

在你想赞美一个人的时候，随口称赞是不好的，一定要表现出一种足以使对方认为“称赞得有理”的热诚，而且所称赞的一定是一个无可争议的事实。不管称赞别人什么品质，都要实事求是，而不是挖空心思揣测。如果你想赞美一个人而又实在找不出他有什么值得赞扬的地方，那么，你可赞美他的家庭、他的工作或和他有关的一些事物。

在平时生活中，不伤体面的事我们不妨迁就别人，但涉及问题的本质时，该拒绝就拒绝，该同意就同意，这在与人交往的过程中十分重要。不然的话，若是一味地恭维，那么，我们迟早会在人们之间的正常交往中失去地位，成为人们眼中拍马奉承的人。

2. 赞扬的话要恰到好处

人们更喜欢被取悦，而不是被激怒；喜欢听到褒奖，而不是被对方恶言相向；更乐意被喜爱，而不是被憎恨。因此，仔细地加以观察，就能投其所好，避其所恶。

赞扬别人要恰到好处，很多人都不太了解这其中的学问。这是因为你还不是十分了解人们多么希望自己的想法及喜好能获得支持，特别是企望明明是错误的想法，甚至是自己的小缺点，能得到他人的谅解与认同。如果我们只考虑自我的想法便对他人的习惯及服装等方面挑毛病，必然会对他人造成伤害；反之，若能加以认同，别人则会感到无限的欣喜。

为了使对方高兴，你可以在褒奖办法上略施技巧，那就是在背地里夸赞对方。当然，若你只是在暗地里称赞对方但他却一无所知，那就一点意义也没有了，你要想办法将你的夸赞通过巧妙的方式确实地传达到对方的耳朵里。

在这里要注意，慎选传达讯息的人很重要，你所挑选的人最好是通过传递此一讯息也能获益的人。如果你选有此企图的人做信使，他不仅会确实地传达你的讯息，还有可能更加渲染几笔，更加突出你赞语的效果。

3. 真诚的赞美有奇效

有一个喜剧演员做了这样一个梦：自己在一个座无虚席的剧院给众多的观众表演、讲笑话、唱歌，可全场竟没有一个人发出会意的笑声和鼓掌。“即使一个星期能赚上10万美元，”他说，“这种生活也如同下地狱一般。”

事实上，不只是演员需要掌声。如果没有赞扬和鼓励，任何人都会丧

失自信。可以这样说：我们大家都有一种双重需要，即被别人称赞和去称赞别人。真诚的赞美会触动每个人。

这里要记住的是，虚伪地赞扬别人是不行的。比如你看到一个并不帅气的男孩，不能称赞他太英俊。因为这样，他会觉得你是在故意戏弄他或是你太虚伪。这所起的效果实在太糟糕了。其实你不一定要称赞他帅气，你可以改为称赞他才华或有某种特长也是可以的。

仔细观察、细心体会并敏锐地抓住他人喜爱的话题。通常，自己想要被称赞、希望被认定为优秀的地方，往往会出现在最常见的话题里。也就是说别人乐此不疲经常提到的话题，或经常展现的学识便是他自以为优越的地方，只要抓住这一点，就能一举制胜。

真诚地赞美别人，能帮助我们消除在与人交往中产生的种种摩擦和不快，这一点在家庭生活中体现得最为明显。妻子或丈夫如能经常适时地讲些使对方感到高兴的话，那就等于取得了最好的结婚保险。孩子们总是特别渴望得到别人的肯定，一个孩子如果在童年时代缺少家长善意的赞扬，那就可能影响其个性的发展。

在现实生活中，有相当多的人不习惯赞美别人，或得不到他人的赞美，从而使生活缺乏许多美的愉快情绪体验，这不能不说是人生的遗憾。女人，学会赞扬，在给别人一份真诚和温暖的同时，也给自己一份心灵的愉快的体验。

悦耳的声音是女人的最佳名片

生活中，女人的声音常常比思想更重要。一个音色柔美动听的女人，很容易被周围的人接受，即使她思想幼稚，别人也会说那是纯洁。相反，如果女人声音难听，尽管很有头脑，也很难令人有好感。

在社交场合中，如果一位女性拥有良好的举止仪态，说话的声音也很甜美，那就会更加增添她的女性气质，使她的语言充满感染力。

哈佛大学心理学家认为，声音决定了女人38%的第一印象。当人们看不到你时，音质、音调、语速的变化和表达能力决定你说话可信度的85%。声音是女人自然天成的乐器，是穿越男人灵魂的旋律，美与不美，就看你如何把握和驾驭。

看过电影《天使爱美丽》的人都很喜欢里面的女主角艾美丽，能赢得天下男人女人的迷恋，除了她纯真美丽的形象外，她充满童音的稚嫩语言起了关键作用。即使你没有看到艾美丽，但是你听到她孩子般的声音，也会把她想象成一个童心十足、美丽可爱的女子，这是因为声音的作用。

声音由体内器官发出，反映着人体的很多状态，如情绪、情感、年龄、健康状态、喜好等等。有人说："声音是女人裸露的灵魂"，声音能透露女人心灵的世界。声音是身体最美的旋律，它浑然天成，魅力持久，而且可以在后天的努力之下越来越美。很多女人懂得打扮，懂得穿衣，懂得用香水，懂得学习礼仪，但不懂得善用声音。

我们往往有这样的经历，同样的话，从不同女人的口中说出，效果可能大不一样。因为她们说话时的声音、语调等不同，所以说话时的感情自然不一样。有的女人体态优美，但一发声，男人就想跑。从容不迫的音调，不温不火的谈话，带给人的就是信任感；而那种尖嗓快语，则很容易让人感觉轻浮，产生不可靠之感。

其实，女人的声音也是可以训练的，就如同女人的形体可以塑造一样。女性要使自己的声音有吸引力、让人爱听，就要"包装"声音，塑造出美的声音。

那么，究竟怎样才能练就一副好的嗓音呢？你至少应该从以下几个方面去努力：

1. 检验一下自己的音质和语调

你是否了解自己的音质、说话速度的快慢。大多数人并不太清楚，而且也从来没有想过要把检验自己的声音和说话速度当成一回事。我想应该很少有人会想到要透过录音来听听自己的声音，即使曾想到过，大多数人也不太愿意真正付诸行动。但是，为了提高说服能力，就必须了解自己各

方面的状况，这其中当然包括声音在内，并且要从根本来加以改善。为此，就有必要利用录音来检验一下自己的音质和语调。

2. 记下他人沉静平稳的嗓音，勤加模仿

这样不知不觉中，你的声音就会产生连自己也察觉不到的变化，甚至达到与你心中理想声音酷似的地步。

3. 控制音调的高低变化

如果你在和别人讲话时始终保持同一个音调，就会使听的人昏昏欲睡，打不起精神，自然也就达不到讲话的目的。即使内容再精彩也不会引人注意，还可能使别人不乐意与你交往。

4. 口齿清楚，不要有太多的尾音，每个音节之间要有恰当的停顿

声音太大了会让人反感，让人感觉是在装腔作势。但音量太小会使人听着费劲，误以为怯懦。一般要根据听者的远近，适当控制自己的音量，最好控制在对方听得见的限度内。

5. 放慢说话速度，应追求一种有快有慢的音乐感

单调如一的声音，如同催眠曲，令人厌烦。可以放慢速度强调一些主要词句，在一般内容上稍微加快变化。随着内容和情绪的变换，说话的音量和音调也应该发生变换，可侃侃而谈如淙淙流水；也可慷慨激昂似奔泻的瀑布。在不同声音段里，要有高潮、有舒缓、有喜忧，才能引人入胜，扣人心弦。

6. 说话前应先考虑自己要说什么，对方会怎么想等问题

例如，在开口说话时先小声的在心中提醒自己“我要谈的是什么内容？”“对方会怎么想呢？”如果能够做到这一点，就能以从容不迫的语调和人进行谈话。记得压低你的音量，一个沉着冷静的你就立刻呈现在对手面前了。这样的声音不仅能让人有安全感，还能带给人身心舒畅的感受。当然，它的沉着平稳更让人觉得可以信任。

声音是一种能量，能影响和作用他人。温婉的声音，让人产生信任感；甜美的声音，让人乐于倾听；有些女性的声音可以获得性感。声音能够表现个性，传递性情。人与人之间更多更深的交往总是依赖语言，你能够懂得声音的重要性并努力地调整和改变，生活会顺利和愉悦很多。

无声胜有声的身体语言

言语在人际交往中的重要性是不言而喻的，所以交谈是一门艺术。但是在人际交往中仅仅重视语言交际是不够的，人们往往还习惯用身体各部分的动作来传达意思，这就是身体语言。比如借助手势来加强语气，用眼神和动作来表达自己的意思，这些身体语言的运用极大地丰富了言语交际，使交际变得深刻而含蓄，丰富而多彩。在某种情况下，身体语言甚至可以起到“无声胜有声”的效果。

成功的社交口才，既要有动人的谈吐，又要有得体的表情动作，方可趋于完美。语言较多地显示着内在的思想和智慧，举止则更多地显露着外在的风度和形象。恰当地调动姿势和动作来帮助自己说话，会使你的表达更加富有魅力。身体语言能弥补有声语言的不足，它通过有形可视的、具有丰富表现力的各种动作和表情，协助有声语言将内容准确无误地表达出来。视、听作用双管齐下，能给听者完整、确切的印象，辅助有声语言更好地表情达意。

在日常生活中，你的举手投足，一颦一笑，无不传递着大量的信息，显露出主体的思想感情、爱憎好恶和文化修养。身体语言的设计和运用能使谈话声情并茂、形神皆备，使谈话者风度翩翩、仪态万方。

作为女人的你可能不知道，身体离头脑愈远的部分，愈能诚实反映人的心声。那么该如何利用自己的身体语言呢？

1. 你会坐吗

除了演说之外，说话时多半是坐着的。关于坐有多种不同方式，有的人喜欢坐在中间，让大家围坐在自己身边；有的人喜欢坐在会场的角落，不让别人注意到自己。其实，最好的坐位是面对听众，让大家清清楚楚地看见自己。坐的时候，姿势要自然，而且保持端正，切不可斜靠在椅背，

或者盘腿，或者把手臂搁在椅背上，这样都会引人轻视，这些都必须时时注意。

2. 不可忽略的腿

不论坐着站着，腿部常常呈现出这样三种姿势：两腿分开、两腿并拢和两腿交叉。两腿分开是一种开放型姿势，显出稳定、自信，并有接受对方的倾向；两腿并拢的姿势则过于正经、严肃；两腿交叉是一种防御性姿势，往往显得害羞、忸怩、胆怯，或者随便散漫。

还有一种架腿的姿势，就是常说的跷二郎腿。架腿姿势通常是控制消极情绪的人体信号，专家们说它“颇有不拘礼节的意味”，对于女性来说，这是一种不可取的姿势。

说话时，最好采取两腿分开的姿势。站立时，两腿张开，两脚平稳着地成“丁”字形或平行相对，或一前一后，躯干伸直，不要屈膝和弯腰弓背，否则显得消极懒散，无精打采。坐宜端坐，即两腿稍稍分开，间距不超过肩宽，女性更要注意不过分叉开，腰板轻松地挺直，这样显得自然、从容，情绪饱满。

3. 举放自如的手臂

当发表意见时，如何安放双手是特别值得留心的。最好是把它们忘掉，让它们自然垂直在身体的两边。不过万一你觉得它们讨厌而累赘，插在衣袋里或是放在背后也可以。总之，能让你的情绪平和就可以了，不要过多注意它们是否有碍，更不必顾虑听众会留意你的手的位置。

如果在说话时将注意力集中于真情的流露，两手就会成为你表达意思的工具，会帮助你说话。在需要时，它们会自然地举起来或放下去。不过，千万不要故意把手交叉在胸前，更不可勉强扶在讲桌上，这样就会使你的身体不能自由活动。

4. 传情达意的表情

表情，即面部表情，主要是脸部各部位对情感体验的反应动作。它与说话内容的配合最便当，因而使用频率比手势高得多。

人的各种复杂心理活动常易在面部呈现出来，“面部是思想的荧光屏”，这是对面部表情的形象形容。美国心理学家梅拉比安曾对一个信息的总效应进行了分析，总结出了以下公式：一个信息的总效应=7%的词语+38%的语调+55%的面部表情。

常用面部表情的含义有：点头表示同意，摇头表示否定；昂首表示骄傲，低头表示屈服；垂头表示沮丧，侧首表示不服；咬唇表示坚决，撇嘴表示藐视；鼻孔张大表示愤怒，鼻孔朝人表示轻蔑；嘴角向上表示愉快，嘴角向下表示敌意；张嘴露齿表示高兴，咬牙切齿表示愤怒；神色飞扬表示得意，目瞪口呆表示惊讶，等等。

号称美国“酒店之王”的希尔顿，其成功秘诀之一就在于服务人员微笑的魅力，“今天你对客人微笑了没有”这一句话已经成为酒店管理中的名言，正是微笑征服了客人。

5. 会说话的眼睛

人们用身体各部分的动作来表达丰富的感情，眼睛是其中最重要的一种，有时甚至可以成为主要的信息来源。

以品尝食物为例，我们不仅仅只靠味觉，而是会同时注重食物的色香，以及装盛方式或排列方法等，这些都是视觉影响心理的现象。假使我们在阴暗的房间里用餐，即使知道那是美味佳肴，也会产生不安的感觉，使我们无心品尝，甚而胃口大减。反之，在整洁、明亮、灯光柔和、食物装盛器皿精致的餐厅用餐，就会使人产生良好的就餐情绪。可见，视觉位居“五官之王”，足以支配其他的感官。的确，从医学角度看，眼睛是人类五官中最灵敏的，其感觉领域几乎涵盖了所有感觉的70%以上。

交谈时，要敢于和善于同别人进行目光接触，这既是一种礼貌，又能帮助维持一种联系，谈话在频频的目光交流中可以持续不断。更重要的是眼睛能帮你说话。

交谈中不愿进行目光交流的人，往往让人觉得是在企图掩饰什么或心中隐藏着什么事；眼神闪烁不定则显得精神上不稳定或性格上不诚实；如果几乎不看对方，那是怯懦和缺乏自信心的表现，这些都会妨碍交谈。当然，和别人进行目光交流并不意味着一直盯着对方。

哈佛大学研究表明，交谈时，目光接触对方脸部的时间宜占全部谈话时间的30%~60%，超过这一界限，就会认为对对方本人比对谈话内容更感

兴趣；低于这一界限，则表示对谈话内容和对方都不怎么感兴趣。这在一般情况下都是失礼的行为。

6. 丰富的手势语

手势语几乎时时伴随着言语交际，忠实地充当着言语的“帮工”，有时甚至“喧宾夺主”，一马当先，独立地在言语交际中“冲锋陷阵”，所以说手是人的第二张脸。

当你与人握手、手持酒杯或一边谈话一边做手势时，可曾注意到你或者别人的内心秘密正通过双手暴露出来。人们有沉默不语的时候，但却很少见到手部完全僵直不动的情景。弗洛伊德说：“没有一个凡夫能守秘密。”这就是说，一个人尽管能很好地控制语言，面部表情也显得若无其事，但他的一些下意识的姿势动作会把心中的秘密暴露出来。

例如，你为了找个合适的工作，正在接受面试，若招聘官说话做手势时是手掌伸开，手心向上，那么他可能是个直爽诚实的人，此时，你若根据他的手势来相应交换自己的手势，你们之间即可进行顺利交谈，而且会给他留下良好的印象。

如果这位招聘官一边说话，一边用手指着你，那么这个人可能相当自负，与这种人说话，你最好双手合十，手指顶着下巴，并以坚定的目光看着对方，这是向他表明你是不怕压力的。如果这位招聘官谈话时单手握拳向上，作出个似乎在“宣誓”的样子，你可得当心，因为他是试图给人一种印象，好像他是个“非常诚实”的人，但实际往往相反。

手势传达的信息是双向的，因此你在谈话时也要注意自己的动作：不要两手相握，也不要捏弄拇指，坐立不安地玩着钥匙……这些动作表明你缺乏自信，过分紧张。最好的办法是稳稳地坐在那儿，把手随便地放在自己的大腿上，这样会给人一种镇静自若、轻松自如的气氛。而双臂交叉放在胸前则形成一道屏障，是“防御”信号。双臂抱在胸前，身体靠在椅背，是以懒散表示消极、漠然的态度。如果双臂放在背后，昂首挺胸，是向人表示自信和权威。

7. 身体前倾

善于讲究身体的方向。与人说话时，身体的方向要正面对着对方，上身微微向对方倾斜，以显示对方的吸引力。在同人交谈中，如果把身体的侧面或背面对着对方，只把脸转过去，那是一种不尊重对方的肢体语言，千万要注意避免，否则就容易被人误解为傲慢无礼。

身体语言在说话过程中具有特殊的表达功能。但它毕竟只是完成表达任务的手段，而不是说话所追求的最终目标。对于口才来说，身体语言并没有独立价值，而只有辅助价值，在谈话过程中处于从属地位。正是这种从属地位，决定了身体语言的设计和运用，必须由表达的内容、情绪和对象等因素的特点来决定。

比如人体的动作如能保持久一点，会给人端庄、稳重的感觉。稳重可以让人感到安定、平和、舒适和愉快；反之会让人感到不安、激动、焦虑和难受。说话时适当的动作有助于语言的表达，但是多余的重复的琐碎的动作会使人感到说话者的不安和急躁。

在人际交流中，身体语言是交往的一种技能，与人的行为密切相关。要建立良好的人际关系，就应当努力去调整自己的行为，以良好的行为使对方作出良好的反应，这样才有利于确立良好的关系。

★有些女人则是天生的社交高手，这不一定是因为她们拥有多么出众的外貌，而是因为她们无论在什么场合，都能妙语连珠，博得满堂彩，从而也为自己增添了人格魅力。

★拥有好口才的女人能就众人熟知的事物提出独到的观点；有广阔的视野，谈论的题材超越自身生活的范畴；充满热情，使人对其所提出的话题感到兴趣盎然；有自己的说话风格……

★女人们可能永远不知道，唠叨对男人来说是种可怕的折磨，唠叨带给家庭的不幸要远比奢侈、浪费大得多。

★说话幽默的人是有情趣的人，说话幽默的女人看上去会更可爱。

外在平和，内心强大，女人不是天生的弱者

哈佛情商课阐明，顽强的忍耐力和承受力以及永不言弃是精英人士最重要的素质。每个女人在自己的一生中，都会遇到各种各样的困难和挫折。而面对困难和挫折，女人只要有坚定的信念，就不会再无助地任命运摆布，能够从容地面对痛苦、忧虑、愤怒和恐惧，并且发现自己能够轻而易举地驾驭它们。女人，外在平和，内心强大，即使在风雨人生中，你的生命也会焕发出灿烂的光芒。

女人一定要有梦想

哈佛大学每次在招生时，都会非常注重吸纳那些有着卓越的目标和远大理想的人，并且告诫学子要愿意为梦想而努力。

每个人都拥有自己的梦想，但是到头来真正能够实现自己梦想的人却很少，为什么？关键就在于你是否有勇气去挑战自己，能否做到别人做不到的事情，敢于挑战自己的人，往往能够激发自己无穷的潜力，从而取得更大的成就。

成功的人都不是一蹴而就的，他们都是在不断挑战自己的过程中，为自己树立更高的目标，一步步走向人生的辉煌。对于女人而言，敢于向自己挑战，是非常有自信的表现，她认为自己一定能够比现在更好，所以不断提高对自己的要求；敢于挑战自己的女人一定很有斗志，因为她喜欢让自己变得更好，而要变得更好，必须保持斗志，有热情。

埃米莉毕业于某理工大学，当时有两个职位可供她选择：一个是到一家大型的事业单位做秘书，一个是到一家起步时间不长但发展势头较好的高新企业做销售。部分朋友都劝她到那家事业单位去，认为这样的工作比较具有稳定性，适合女孩子；但埃米莉觉得自己一向喜欢挑战，认为销售更能够激发自己的斗志，所以她最终选择了做销售。

埃米莉根据自己的职业兴趣选择对了适合自己发展的工作，这也许就是她成功的第一步吧。

经过几年的工作经历，原本“很有个性”的埃米莉，在销售中逐渐掌握了商场中为人处事、与人沟通的技巧和一些职场游戏规则。从卖软件，到卖系统和打包的解决方案，埃米莉逐渐树立了自己的工作原则和亲切的风格，凡事都站在客户的角度出发销售产品，在工作中对客户的承诺说到做到。

由此，埃米莉使自己成为销售产品的专家，也同时赢得客户的信赖和回报。她对自己更有自信了，也更认定当初的决定是正确的。

在这个过程中，埃米莉给自己不断制订新的目标，包括销售额和个人收入，而这些计划常常带有挑战的色彩，强迫自己实现目标。她想证明自己还能做到更好，在这个目标下，她不但有了丰厚的收入，也在这个行业有了名气。但当销售做到一定业绩后，她却发现在销售管理方面有些乏力。

面对如此情况，埃米莉又依照职业顾问的建议，勇敢地跨出了新的一步，在选择充电的同时，跳槽到了一家准备大力开拓市场的公司做销售经理。虽然这使她生活不太轻松，但她却很“沉迷”，有着如鱼得水的满足感，更重要的是她从中学会了如何更好地管理一个销售团队，这正是她进入这家公司的主要原因，她最后成为IT公司一名出色的销售经理。后来，埃米莉被猎头公司看中，十分顺利地跳到同行业的一家公司，在新的业务年度里，埃米莉在职业上又有不小的飞跃，头衔成为了销售总监。

埃米莉是一个敢于挑战自己的人，她在自我挑战的过程中体会了生活的乐趣，更体会了挑战给自己带来的成就感。

挑战自己，并不像看起来的那么难，只要你善于发现自己潜力，把自己的目标设的远大一点，然后通过自己的努力去实现它，只要你坚持走下去，就一定能够越来越接近它，最终实现挑战自我的目标，让自己变得更加卓越。

女人要做内心强大的自己

女人只有做自己的主人，才能主宰命运。女人不应该是弱者，和男人一样，勇气和果敢也是她们应有的品质。这是哈佛情商课给女人的又一个重要启示。

勇气与果敢是事业成功的脊梁，而与人沟通是成就辉煌人生的关键因

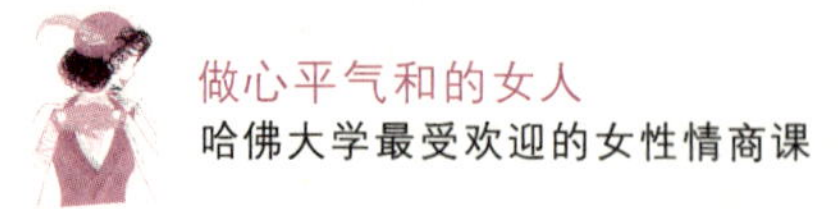

素。可以说没有出色的沟通就不会有成功的可能。然而，要有卓越的讲话艺术，勇气是首要条件。没有勇气的支撑同样产生不了令人信服的演讲术。

学者马尔登曾说过："人们的不安和多变的心理，是现代生活多发的现象。"他认为，恐惧是人生命情感中难解的症结之一。面对自然界和人类社会，生命的进程从来都不是一帆风顺、平安无事的，总会遭到各种各样、意想不到的挫折、失败和痛苦。当一个人预料将会有某种不良后果产生或受到威胁时，就会产生这种不愉快情绪，并为此感到紧张、不安、忧虑、烦恼、担心和恐惧。恐惧就是常常预感着某种不祥之事的来临。这种不祥的预感，会笼罩着一个人的生命，像云雾笼罩着爆发之前的火山一样。世界上没有永远的成功者，也没有永远的失败者。有人畏缩，得到的也会失去；有人勇敢，失去的也会得到。只要不断尝试、不断磨砺，我们就一定能战胜恐惧。只要告别恐惧，勇敢地朝前走，别人能做到的我们也能做到。畏惧是人生路上一道深深的壕沟，跨过去你就拥有了出路和希望。

超越自己，先从战胜心中的恐惧开始。有句格言说得好："人生最大的敌人是自己，人生最大的失败是被自己蔑视。"能够战胜别人只是有力量的表现，而能够战胜自己才算得上是强者。人要获得进步，取得成功，就要勇于战胜自己。那些勇于战胜自己的人才是真正的英雄。

人都是有惰性的，总是会找到各种借口为自己的不努力开脱。人们经常会犯这样的错误：为了能让自己多睡半个小时，总是把自己的健身计划抛之脑后；为了贪图舒适，总是拿"学习是长期的任务，不在乎这点时间"当借口；为了贪图享乐，不能克制自己拿公家的钱吃喝玩乐等等。看起来是一些小事，但是如果我们不能克服自身的这些小毛病，怎能最终战胜自己，有所成就？如果一个人要想最终战胜自己，实现人生的跳跃，必须从小事中约束自己，克服自己身上的小缺点开始，这样才能最终实现战胜自己这个最终目标。

一家世界著名的飞机制造公司如果雇用一位女盲人来设计飞机发动机，你会认为这简直是荒诞离奇，但这是真实的事情。

22岁的英籍华人谢云霞，从儿时起眼睛就几乎完全失明了，但她竟是罗尔斯·罗伊斯公司的一位工程师。她每天坐在计算机终端旁，手握光标定位器，注视着电脑屏幕上呈现的放大了的文字。她的脸几乎要贴到屏幕上，因为她的视力极其微弱，而且主要集中在右眼上。她身边放着一些必不可少的辅助设备，能把发动机在各种不同飞行条件下的温度、湿度和压力等数据放大。而她能准确无误地掌握这一切，她了解技术发展的最新情况，这就是说，几乎没有什么东西能妨碍这位瘦小、腼腆而又思维敏捷、才华出众的盲姑娘成为工作出色、一丝不苟的优秀工程师。她因其卓越的成绩而荣获威尔士亲王查尔斯颁发的特别奖。

人人都有巨大的潜能，人人都能走向成功。只要你抬起头来，新的生活就在前头！

每个有成就的人，也许并不是最聪明的人，但他们往往都是最懂得自制，懂得战胜自己的弱点的人。

战胜自己须志存高远，信念坚定。远大的目标能焕发出激昂的斗志，不懈的努力能征服任何艰难困苦。高标准严格要求自己，付出滴水穿石的努力，才有可能达到理想的彼岸，做到“有志者事竟成”。任何朝三暮四、浅尝辄止、得过且过、随波逐流的态度，都将导致半途而废，功败垂成。

战胜自己须见贤思齐，知耻后勇。人贵有自知之明，对自己的优劣长短，要有一个全面的、正确的认识。只有正视自己的缺点，看到自己的短处，自觉与别人的优长对照，深入剖析自身的弱点、缺点和错误，才能发现差距何在，才能知耻后勇，努力剔除自身消极的东西，在自省中自励，在反思中提高，在提高中不断战胜自己。

战胜自己须积极进取，自强不息。“业精于勤荒于嬉，行成于思毁于随”。勇于突破自我、超越自我的人，是生活的强者；随波逐流，人云亦云，只能永远步人后尘。战胜自我是一个漫长而艰苦的过程，没有捷径可走，任何一劳永逸、一蹴而就的想法，都是不切实际的幻想。无限风光在险峰，只有不畏艰险、奋勇攀登的人，才能体味到“会当凌绝顶，一览众山小”的美妙和幸福。

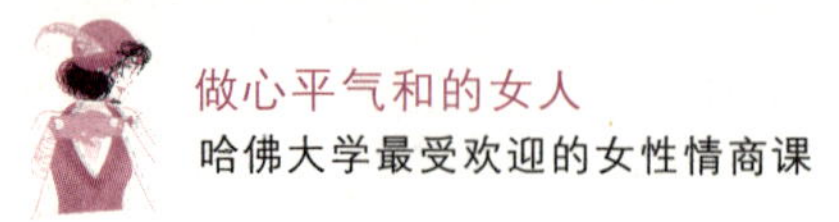

内心点燃希望的明灯

美国成功学大师安东尼·罗宾的著作是哈佛学子必修课之一，安东尼·罗宾认为："成功者的特质，仿佛是内心中燃烧的火焰，驱使她们去追求成功。"这句话给女性朋友们这样启发：向着自己的理想奋进，以达到梦想成真，离不开希望的支撑。

对未来充满希望，人生才有前进的动力。所以说成功的人都怀有一颗希望之心，他们对未来充满希望，坚信明天可以比今天更加美好，所以他们才能有勇气，有动力不断前进。

理想是人生的奋斗目标，是人类对于未来的一种有可能实现的想象。有了理想，人类才可以按照它的方向去努力；有了理想，人类才能在艰苦的探索环境下坚持下来。当然理想不是无根无据的幻想，它必须建立在真实的、客观的个人条件基础上，否则就是无道理的空想，是没有现实意义的。

5年前，玛丽失去了自己的丈夫。她悲痛欲绝，自那以后，她便陷入了一种孤独与痛苦之中，觉得生活再也没有亮光。

"我该做些什么呢？"一天晚上，她对朋友哭诉，"我将住到何处？我将怎样度过一个人孤独的日子？我不相信自己还会有什么幸福的日子。我已不再年轻，孩子也都长大成人，成家立业。我孑然一身还有什么乐趣可言呢？"抱着这种心态，玛丽得了严重的自怜症，而且不知道该如何治疗。

朋友忍不住对她说："我想，你并不是要特别引起别人的同情或怜悯。无论如何，你可以重新建立自己的新生活，结交新的朋友，培养新的兴趣，千万不要沉溺在旧的回忆里。虽然暂时身处不幸的遭遇之中，但时间一久，这些伤痛和孤独便会慢慢减缓消失，会开始新的生活，建立起自己新的幸福。"

玛丽接受了朋友的劝慰，心态一点点好转起来。她不再为孤独自怨自艾，一想到孩子们的幸福，心中又重新燃起希望之灯，并且这希望之灯一

直陪伴着玛丽走过一生。

有了希望的心，有了理想的路，前途才更加明确。不要在没有思考，没有分析前就消极地把事情打上不可能实现的标签。事实上你要鼓励自己“你能行”，有希望才能有动力，你才会在探索的过程中无所不利，勇往直前。

富有进取心，充满希望是达到目的的第一步，一个人如果不先有希望，那么他绝对不会计划去完成任何事情，最后必然是一事无成。

一位既有进取心而又积极付诸行动去实现自己抱负的人会认为，生活就是活力，就是精、气、神，就是精力和振奋，人生最主要的责任就是主宰人生。虽然人生有许多的痛苦和困境，只要内心充满积极的希望和奋斗的活力，世界也会以积极乐观的成果回报你。

轻言放弃，就是失败的预言，只要你决定怎么办，就决定了你的未来前途。想要获得什么，以及想要采取某种行动的这种火热的欲望，是成功者起飞必须的起点。冷漠、懒惰或缺乏进取心，是不能产生梦想的。

对于每一个女人而言，希望之心都是不可少的。失败的人具有了希望之心，才可以百折不挠；成功的人具有了希望之心，才可以不骄不躁，继续进步。希望对于任何人都是必备的，人生若没有希望，就成了一片死海。大多数失败平庸者并不是他们的能力有问题，而恰恰在于他们的心态。没有希望之灯的人生，就像一个在黑暗中航行的小船，很容易因为害怕风浪而搁浅。

女强人都有一颗坚韧的心

哈佛的教授告诫学生们说：“坚强的毅力是人生行动中战胜困难、摆脱逆境的利刃。”打造这把利刃，一定能使自己的人生更加光彩夺目。

一个女人，在不利的环境中挣扎和拼搏，那股不妥协、不服输的韧劲足以令人刮目相看。

卡耐基夫人曾听瑟尔玛·汤普森女士讲过一段她的经历：

“二战时，我丈夫驻防加州沙漠的陆军基地。为了能经常与他相聚，我搬到那附近去住，那实在是个可憎的地方，我简直没见过比那更糟糕的地方。我丈夫出外参加演习时，我就只好一个人待在那间小房子里。热得要命——温度高达华氏125度，没有一个可以谈话的人。风沙很大，所有我吃的以及呼吸都充满了沙、沙、沙!

“我觉得自己倒霉到了极点，觉得自己好可怜，于是我写信给我父母，告诉他们我放弃了，准备回家。我一分钟也不能再忍受了，我情愿去坐牢也不想待在这个鬼地方。我父亲的回信只有三行，这三句话常常萦绕在我心中，并改变了我的一生：

有两个人从铁窗朝外望去，

一人看到的是满地的泥泞，

另一个人却看到满天的繁星。

“我把这几句话反复念了好几遍，我觉得自己很丢脸。决定找出自己目前处境的有利之处，我要找寻那一片星空。

“我开始与当地居民交朋友，他们的反应令我心动。当我对他们的编织与陶艺表现出很大的兴趣时，他们会把拒绝卖给游客的心爱之物送给我。我研究各式各样的仙人掌及当地植物，我试着多认识土拨鼠，我观看沙漠的黄昏，我找寻300万年前的贝壳化石——原来这片沙漠在300万年前曾是海底。

“是什么带来了这些惊人的改变呢?沙漠并没有发生改变，改变的只是我自己。因为我的态度改变了，正是这种改变使我有了一段精彩的人生经历。我所发现的新天地令我觉得既刺激又兴奋。我着手写一本书——一本小说——我逃出了自筑的牢狱，找到了美丽的星辰。”

对一个女人来说，要想在自己的事业上获得成功，也许肉体上的折磨算不了什么，只有精神上的折磨可能才是最致命的。如果你有心开创自己的事业，你就一定要先在心里问一问自己，面对从肉体到精神上的折磨，你有没有那样一种宠辱不惊的“定力”与“精神力”。如果没有，那么一

定要小心。

坚强的忍耐力对于每个女人来说，都不是天生的，而是需要在生活中磨炼。忍耐力是非智力因素中的重要一项，有些人可能是由于社会环境的影响或者是作为独生子女的“中心”地位的影响，在学校、在家庭，养成了任性、冲动、无耐性的坏习惯，他们无克制力、意志薄弱，做事往往虎头蛇尾。这种习惯无论是对他个人还是对社会都是不利的，都无法很好的适应现代经济发展的态势。

不管你现在是一个默默无闻的小职员，还是一个不甘于继续当下环境的三分钟工作者，如果你想真正改变自己，真正让自己在工作上有突出的表现，那你就必须学会暂时的忍耐，忍耐环境对你的磨炼，对你的考验。既然选择了，就不要轻易放弃，否则你将永远一事无成。

不要急于表现自己不完善的能力，不要苦于自己找不到赏识自己的伯乐。如果你想让自己有一个明亮的明天，那你就应该在工作中、学习中学会观察，学会磨炼，只有在这种考验中，你的能力才能得到提高，你的水平才能得到发挥。如果你已经对你的业务有了一个全面的了解，你已经对它的运作有了十足的把握，那你离成功的日子也就不远了。在你还不成熟的时候，在你感到自己的知识还比较欠缺的时候，你不妨把抱怨先收起来，努力积蓄自己的能量，等到机会到来的时候，你就能让自己在发挥才能的过程中闪出耀眼的光彩。

直面困境，做命运的掌控者

哈佛大学注重培养学子养成正确对待失败的态度，因为经过实验证明，那些能够正确对待失败的人和那些不能够正确对待失败的人，其人生境遇会有很大的差别。这一点在哈佛情商课中也得到体现。

女人的成功之路往往是从突破困境开始的。在困境中，女人的思维活动特别积极，特别复杂，它往往是一个女人确定人生目标，寻找自己奋发动力的关键时期。它有助于女人深刻地理解人生，全面地分析自身的处境，清晰地认识自己的才能，理性地规划自己的事业，并描绘出美好的梦想。也就是说，越是在困境中，追求美好幸福人生的愿望越强烈，越容易获得巨大的动力。

困境是生活的一种形式，面对困境微笑，是对自己的一种鼓励，一种自信。只有敢于面对生活，敢于面对困境，才是命运的掌控者。

那天的风雪真大，鼻头红红的布鲁斯老师走进教室时，一反常态，满脸的严肃庄重。乱哄哄的教室静了下来，学生们惊异地望着布鲁斯先生。

“请同学们放好书本，我们到操场上去。”

操场在学校的东北角，篮球架被雪团打得“啪啪”作响，卷地而起的雪粒雪沫呛得人睁不开眼、张不开口。脸上像有无数把细窄的刀在拉在划，厚实的衣服像铁甲冰块，脚像是踩在带冰碴的水里。

学生们挤在教室的屋檐下，不肯迈向操场半步。布鲁斯先生没有说什么，面对学生们站定，脱下羽绒衣，只穿了一件白衬衣，更显单薄。

“到操场上去，站好。”布鲁斯先生脸色苍白，一字一顿地对学生们说。

谁也没有吭声，学生们老老实实地到操场上排好了三列纵队，规规矩矩地站立着。

5分钟过去了，布鲁斯先生平静地说：“解散。”

回到教室，布鲁斯先生说：“在教室时，我们都以为自己敌不过那场风雪。事实上，叫你们站半个小时，你们也顶得住，叫你们只穿一件衬衫，你们也顶得住。面对困难，许多人戴了放大镜，但和困难拼搏一番，你会觉得，困难不过如此……”

学生们很庆幸，自己没有缩在教室里，在那风雪交加的时候，在那个空旷的操场上，他们上了人生重要的一课。同时，也懂得了温室和风雪在个人成长中的意义。

纵观古今中外的智者和卓有成就的伟人，他们战胜困难的方法不外乎三种。

1.牢牢记住自己美好的理想，坚定内心强烈的愿望

不要因为时间的缘故或随后发生的事情，转移了自己的注意力，丧失了自己的目标。如果你忘记了自己的目标，就等于放弃了目标，那么你所经受的折磨和痛苦的忍耐就完全成了负面的体验，也就一无所获。当再一次遭遇困境时，你会感到自己格外不幸，特别容易沉沦。这会从根本上动摇你的人生，摧毁你对生活的信心。

如果你在困境中描绘理想的蓝图、把困境当成积蓄动力的机会，你不仅会有收获，而且会变得更坚韧、更自信。当时过境迁，机会来临时，你会牢牢抓住它不放，并一举成功。

2.微笑地面对困难

这个方法是最简单的，也是最适合女人的。如果你有着非常强烈的愿望，那么就忘了眼前困境，跟着自己的愿望走，不要过多地用理性的思维去分析这种愿望合不合理，判断它是否可能实现。如果你做不到这一点，那么，坐困愁城一筹莫展时，你可能连活下去的勇气都会丧失掉。到了这种地步，必须放弃所有的理性思考和推断，直奔目标而去，根本不必算计自己是否会达成目的。因为此时这一切都已不重要，而且过于理性会变得对你有害。

每一个女人都不应该从“自己得不到幸福”“无法实现美好人生的际遇”中得出悲观的人生公式或原理，并用它去推导自己和他人的人生。这样做不仅是荒谬的，也是不道德的。人人都应该拥有自己的梦想，人人都应该以实现自身的梦想为前提来推导和设计自己的未来，这才是顶级的人生智慧。

不放弃，就没有绝境的存在

哈佛大学在培养精英人才的一项重要标准是：要像一个斯巴达的战士一样英勇无畏，勇于接受人生的挑战。而要成为精英人士，顽强的忍耐力和承受力以及永不言弃应是其最重要的素质。

人的一生不会是一帆风顺的，总会遇到各种挑战与困境，甚至会进入痛苦不堪的绝境。在绝境中，人往往会对自己说放弃，从此一蹶不振，成为生活的失败者，痛苦不堪地度过自己的一生。有成就的人，在绝境中从来不会对自己说放弃，他们会用自己强大的生命力向命运挑战，最终战胜绝境成就了自己辉煌的一生。

南希患有小儿麻痹症，10岁的时候，不得已开始使用拐杖。后来，听说游泳对锻炼腿部肌肉有奇效，她的父母就让南希去学游泳。4年后，南希在加利福尼亚圣巴巴拉市举行的一次游泳比赛中获得了第三名的好成绩。19岁时，在全国大赛中获得了第一名。当时，罗斯福总统慈祥地问她：“你是怎么以残疾之身获得冠军的呢？”

“我只是一直都没有放弃罢了，阁下。”南希自豪地说道。

现在的人们大多存在这样一个共性，那就是还没有真正开始努力就放弃了许多事情。大家可能从身边的人身上发现过这样的现象：只要一遇到困难，他们就会找出各种无法成功的理由，然后心安理得地逃避；还没有付出全部的努力，就说这是拼命也无法完成的事情，这样的做事态度，怎能获得成功？

绝境，让那些不放弃的人变得更加坚强，激发他们更大的潜力，他们会因为绝境变得更加强大，绝境带给他们的可能是一生珍贵的财富；对于那些轻言放弃的人而言，绝境犹如一剂毒药，面对这剂毒药，他们找不到解药，最终放弃努力，成为失败者。

绝境，在很多时候，如果你害怕去面对它，它会变得更强大；但是如果你有足够的勇气去面对并且让自己坚强起来的时候，绝境就没有那么可怕了。所以，人生并没有绝对的绝境，很多时候，取决于自己的态度，当你真的把它当成无法跨越的坎时，那么你已经输了一大半；如果你选择勇敢面对，那么最终胜利的一定会是你。

作为女性，在绝境中，千万不要放弃自己，放弃了自己就一点机会都没有了，要用自己的勇气和信心向它挑战。

扬起信念的风帆，一切皆有可能

哈佛大学的一位教授曾经告诉学生们说：“人不能坐等好运的降临，谁有目标现实可行并且身体力行，梦想才能变成现实。”

下面是玛丽的故事。

“我怀着紧张又兴奋的心情到公司上班是一年前的事了，那时我踌躇满志，并期待有一番大作为，但在一年后的今天，所有的抱负几乎都已化为乌有了。情绪会有那么大的转变，并不只是我一人而已，即使连当初进公司时扬言无论如何也要做上10年的一位女同事不禁发牢骚说：‘这种公司真是令人厌烦透了。’

“当初我找到这个工作时，待遇实在很吸引人，但主要还是希望一展所长。我们不像男职员有那么大的野心，想当总经理什么的。我们也不想和男职员一较长短，只是希望能和公司融为一体，发挥自己所学，使精神生活与物质生活都很稳定。

“难道我们的这一点点要求也算是奢望吗？但我们实在很难自觉地成为公司一员，因为公司也不期待我们能和公司融为一体，他们只是将我们这些女职员当成公司里的花瓶，用来辅助男职员。我们的工作总是无足轻重，待遇也比男职员低。这种种不平等的待遇，使我们感到精神空虚，最后的感觉就好像卡在公司内，要上不上，要下不下的，真是痛苦极了。

“为了克服这种不稳定的感觉，我试图为自己寻找一条出路。如果一直待在这种不受重视的环境中，一辈子都会有屈居人后的感觉，我就不相信除了这条路，就没有其他的路可走了……”

每个人都有许多有价值的目标，但作为女人，有一个目标对你更珍贵，也更值得你去追求，那就是实现职业成功。

一个女人如果经常用“我恐怕做不了”的态度去开始一件工作，是绝对不会做好的。对这种人来说，她除了满眼都是困难、障碍外，是看不见别的什么的。反之，一个女人如果是满怀热忱地去投入某项工作的话，虽然她也一样会遇到困难，但是，她会自信地并用充分的精力去对付它们。因此，和那些满眼只是困难的人相比，她们在尚未向困难发起攻击之前，困难的艰巨程度在无形中就消减了。

信念是一种强大的力量，它可以使人在黑暗中不停止摸索，在失败中不放弃奋斗，在挫折中不忘却追求。在它面前，天大的困难微不足道，无边的艰险不足为奇。俄国的列宾曾经说过："没有原则的人是无用的人，没有信念的人是空虚的废物。"信念是支撑一个人的支柱，人一定要用坚定的信念，支撑自己在人生道路上走下去；任何别的东西都可能成为你永远的支撑点。

信念是支撑一个人一辈子的力量，那些有所成就的人，都有坚定的信念，无论是顺境还是逆境，他们都不曾忘却自己所坚持的信念，信念在逆境中能够让人产生极强的求生欲望，支撑自己活下去，并最终有所成就。

信念的力量是强大的，当你有了自己的信念之后，它会在无形之中影响你，你到最后发现自己变成的样子就是受自己信念的影响。

有一对母女，母亲在女儿两岁多时患了癌症，医生说最多能活几个月。更不幸的事情又接踵而来，她的丈夫是跑运输的个体司机，在一次雨天运货时车翻人亡。灾难似乎决心要摧毁这个家庭，但这位母亲却为了女儿坚持住了。事故处理后，她用所有的积蓄开了一间小百货店，发誓要让女儿健康成长。她一次次接受手术和化疗，每次医生都说："可能只有几个月时间了。"但她不甘心，她对自己说："我必须活着，活到女儿大学毕业。"她的病最终没能治愈，但她却因为一个坚强的信念而将死亡推后了整整20年。她是在看到女儿大学毕业走上工作岗位两个星期后逝世的。很多人，包括为她治疗的医生们，都深为这位母亲因爱而生的信念力量而感动不已。

女儿是她的牵挂，所以她一定要把女儿抚养成人才能放心，这位母亲就凭借这样的信念，为自己的生命赢得了20年的时间。这是怎样的奇迹啊！

信念是一个力大无比的巨人，它可以创造出令人难以置信的奇迹。每

个女人在自己的一生中，都会遇到困难和挫折，但只要有坚定的信念，你的生命就会焕发出灿烂的光芒。将信念的风帆高高扬起，你一定可以航行得更远。

坚定地走自己的路，无怨无悔

哈佛大学无数成功者的例子向我们证明，许多人之所以能够成功，就在于他们能矢志不渝地追求自己的目标，而不管别人是怎样看待的。越是不可能，越是具有挑战性，越是身处逆境，越燃起前进的热情。这也是哈佛情商课所反复强调的一个内容。

有些人往往喜欢走捷径，走不通就会快速换一条路，结果换来换去，也许几十年都没有走完一条路，也未做完一件事。忙忙碌碌走完了一生。愚公是英雄，他和他的儿孙们搬走了一座山；贝多芬也是英雄，他坚信耳聋也能听到美妙的音乐。他们都是选定了自己的路，坚定地走下去，没有因为遇到困难就想换另外一条道路。

美国著名电台女主播莎莉·拉菲尔在她30年的职业生涯中，曾经被辞退18次，可是她每次都放眼最高处，确立更远大的目标，仍然坚持走自己选择的路。最初由于美国大部分的无线电台认为女性不能吸引观众，没有一家电台愿意雇用她。她好不容易在纽约的一家电台谋求到一份差事，不久又遭辞退，说她跟不上时代。莎莉并没有因此而灰心丧气。她总结了失败的教训之后，又向国家广播公司电台推销她的清谈节目构想。电台勉强答应了，但提出要她先在政治台主持节目。“我对政治所知不多，恐怕很难成功。”她也一度犹豫，但坚定的信心促使她大胆去尝试。她对广播早已轻车熟路了，于是她利用自己的长处和平易近人的作风，大谈即将到来的7月4日国庆节对她自己有何种意义，还请观众打电话来畅谈他们的感受。听众立刻对这个节目产生兴趣，她也因此而一举成名了。如今，莎莉·拉菲尔已经成为自办电视节目的主持人，曾两度获得重要的主持人奖项。她说："我被人辞退18次，本来会被这些厄运吓退，做不成我想做的事情。结果相反，我让它们鞭策我勇往直前。"

她是一个坚持走自己的路的人，她没有因为被辞退18次就怀疑自己的选择，反而更加激发了她证明自己的勇气，在经过了那些失败之后，她有机会开始尝试，进而做到最好，成了闻名的节目主持人。

选择一条路很容易，但是要坚持在这条路上走到最后，就不是一件容易的事，如果你向目的地迈出了999步，却没有坚持着迈出最后一步，那么你依然是失败的，目的地只有一个，再近的点也不是终点，那些在距离终点很近的地方而停下了脚步的人是多么可悲啊！

女人要坚定地走自己的路，就要耐得住寂寞，耐得住打击，是一种在任何情况下都不放弃的态度，是一股不达目的决不罢休的韧劲。想要炫出自己的精彩人生，就要有这种态度，就要有这股韧劲。

坚持是实现成功的最好方法

哈佛大学的伯恩斯教授做了一个统计，发现成功者的一个共同特征是：不论聪明才智高低与否，也不论是从事哪一个行业、担任什么职务，他们都在做自己最擅长的事。一个人的成功来自他对自己擅长工作的专注和投入。无怨无悔地付出努力和代价，才能享受甘美的果实。

凯莉自从进了大学以后，不知道什么原因，原来只有二三个的青春痘忽然覆盖了她的整个脸庞。对于爱美的她来说，这是一个很严重的打击。为了消除这个困扰，她几乎跑遍了所有的皮肤病医院，却始终没有效果。最后，她竟觉得自己没脸出门了，抑郁症和自闭症接踵而来。因为同学看到她，说了一句"怎么破成这样"的话，凯莉连课堂都不想去了；出于这个原因，她和男友频繁地争吵，最后，他们分手了。

不仅没有治好自己的脸，反而还遭受到了一次又一次的打击，刚开始的时候，凯莉每天都对着镜子叹息。终于有一天，她下定决心要改变自己。之后，她就坚决不再吃那些比萨、汉堡包等快餐食品，而且还开始参加运动。此外，她还戒了酒，并且每天都做一次半身浴。除此之外，她还服用了一些诸如维生素C等对身体有益的营养物质，并坚持隔一天敷一次面膜，给皮肤增加营养。

这样一来，她的脸部皮肤竟然得到了明显好转。对此，凯莉不胜欢喜，于是努力坚持。三个月后，她的脸变回了原来的样子，皮肤变得越来越润滑。

我们经常在诉说自己的理想多么远大，经常羡慕某个成功人士的辉煌人生，但是我们可曾想过究竟怎样才能实现自己的理想？成功的人究竟是怎样获得成功的呢？如果我们仔细思考，我们会对这两个问题找到同样的答案：唯有专注和坚持，才能实现自己的理想，而成功人士没有一个不是专注与坚持的典范。

坚持才能成功，有很多事情不是一朝一夕就能完成的，甚至在进行的过程中还要遇到各种困难，阻碍你前进的脚步，这时候最需要的就是专注与坚持，只有这种力量才能让你一步一步朝前走，越来越接近终点。

哈佛大学的一位院长约翰·麦克阿瑟曾对学生说："哈佛学院的成功不是因为学生在学校里学到了什么，而是因为学生毕业后有多大的作为；哈佛毕业生成功的原因，不在于来学校镀金，而在于他们自己的勤奋努力。学生来哈佛之前就已经走在成功的道路上了，造就他们的不是学校而是学生自己。"

专注并坚持做下去，是实现任何目标唯一的聪明做法。最好的健身方法说是"一天又一天"坚持下去。我有许多朋友用这种方法坚持自己的健身计划，成功的比例比别的方法高。很多人总是一次次给自己进行了详细的健身计划，但是一旦开始做的时候，就觉得很难坚持，能够成功的唯一方法就是每天坚持着跑一会儿，时间久了就会习惯这种方式，这样就能最终实现自己的健身目标。

专注与坚持的人更加容易成功，专注更能激发人的潜能，坚持能够创造奇迹。如果你现在还在自己的各种天花乱坠的想法中左右摇摆，那么，现在就停止吧！把自己最想做又最适合你的事情当成现阶段的目标，然后就专注于它，坚持着去实现它。

正像哈佛教授弗雷德·施韦德所说："任何人都要经过努力才会有收获。"收获的成果取决于你努力的程度，别总是幻想机缘巧合这样的事发生。

作为平凡的人，我们也有自己的梦想，但是有多少人坚持了自己的梦想呢？如果你对自己的梦想很执著，非常想实现它，那么，就专注于自己的梦想吧，坚持走下去，即使遇到挫折与失败，也不要放弃，要知道专注与坚持是实现梦想最好的方法！

哈佛女人情商课

★女人只有做自己的主人，才能主宰命运。女人不应该是弱者，和男人一样，勇气和果敢也是她们应有的品质。

★不要在没有思考，没有分析前就消极地把事情打上不可能实现的标签。事实上你要鼓励自己"你能行"，有希望才能有动力，你才会在探索的过程中无所不利，勇往直前。

★女人的成功之路往往是从突破困境开始的。在困境中，女人的思维活动特别积极，特别复杂，它往往是一个女人确定人生目标，寻找自己奋发动力的关键时期。

★一个女人如果经常用"我恐怕做不了"的态度去开始一件工作，是绝对不会做好的。反之，一个女人如果是满怀热忱地去投入某项工作的话，虽然她也一样会遇到困难，但是，她会自信地并用充分的精力去对付它们。

★一个女人在不利的环境中挣扎和拼搏，那股不妥协、不服输的韧劲足以令人刮目相看。

人脉情商，优雅从容，做社交场上的人气女王

在如何处理人际关系上，哈佛情商课指明：一个人要想赢得别人尊重，首先要知道如何开发个人魅力。魅力之于女人，是关系着个人成功与否的重要特质。女人要想成为社交场中的耀眼明星，就要保持优雅从容的风度，用自身的魅力来赢得周围人的青睐和尊重，通过魅力来维系彼此间的友谊，扩大人际圈。在社交圈中，优雅从容的女人，要比容貌靓丽的女人更容易令人倾心和难忘。

亮出你自己，初次见面就讨人喜欢

为什么有的人一出场就会赢得全场人的喜欢，哪怕这个人不被别人所认识？哈佛大学的众多心理学专家进行过长时间的研究，最终得出结论：每个人都有受重视的愿望，别人肯定的目光也是每个人都想得到的。每个人都在不断地努力和追求，以此获得他人的认同。

对于女人来说，初次见面留给他人的印象很重要。无论是哪个女人，和知心朋友见面都会很开心和放松，然而和素不相识的人会面总会感到局促和紧张，并且顾虑重重。

和初次见面的人面对面谈话，是一件不好受的事。因为两人之间的视线极易相遇，而导致两人之间的紧张感增加。因此，在见面之前，最好先拟定好一套推销自己的计划，按部就班地实施。

巧妙地介绍自己的名字。与人初次见面时，想让对方记住自己，最简单的办法就是让对方记住自己的名字。比如，你可以对自己的名字做一个简单但容易被别人记住的介绍："我姓王，国王的王，每个人都是自己世界的国王！"

呼叫对方的名字。欧美人在说话时，常说："史密斯先生，来杯咖啡好吗？""史密斯先生，关于这一点，你的想法如何？"将对方的名字挂在嘴边。令人不可思议的是，此种作法往往使对方涌起一股亲密感，宛如彼此早已相交多年。其中一个原因就是，他感受到对方已经认可自己。

记住对方所说的话。尤其是兴趣、嗜好、梦想等，对对方来说，是最重要、最有趣的事情，一旦提出来作为话题，对方一定会觉得很愉快。招待他人或是主动邀约他人见面，事先多少都应该先收集对方的资料，此乃一种礼貌，也更容易引起别人好感。

不过分掩饰自己。不要掩饰自己，把自己真实的性格展现给对方。我

们不想让对方看透自己，觉得对方发现自己的弱点是个糟糕的后果，可是，这样做的结果是你束缚了自己，也不可能畅所欲言、自由表现。把性格的真实一面展示给对方，就不会有太多的顾虑了。

坐在对方旁边的位置。和初次见面的对方要增加亲切感时，最好避开和他面对面的交谈方式，而应尽量坐在他旁边的位置。

与人初次见面，获得别人好感的不二法门自然是把话说得巧。通常那些社交关系广泛的女人，都是言谈灵活，初次见面就能给人好印象的女人。

女人社交的四大法则

生活在世上，每天都不可避免地与他人交往，高超的交际艺术是成功的资本，拥有良好的社交能力和高超的处世技巧，就等于拥有了成功的点金石。

当今社会，女性已涉入社交的各个领域，而且社交活动越来越频繁。你在家相夫教子，就要学会应该怎样与丈夫和孩子进行平等而有效的沟通；你在外工作，就要学会应该怎样与同事或上下级、顾客、朋友或陌路人相处等等。所以说，只要你不是生活在真空里，只要你在这个社会上生存，你就不可避免地会与人接触。

女人大多善于打造自己的交际圈，她们在多个交际圈中长袖善舞，这不但是女人的自信，也是女人魅力的表现。以一种高尚的人格为人，以一种独特的魅力社交，丰富的人脉就自然掌握在你的手中。

良好的社交处世能力有助于女人取得生活上和事业上的成功，一个女人拥有了端庄的举止、优美的仪态、迷人的神韵、高雅的气质，再加上内在的品格力量，便拥有了打开社交之门的魅力钥匙。

1. 真诚尊重的原则

苏格拉底曾言：“不要靠馈赠来获得一个朋友，你须贡献你诚挚的爱，学习怎样用正当的方法来赢得一个人的心。”可见在与人交往时，真诚尊重是礼仪的首要原则，只有真诚待人才是尊重他人，只有真诚尊重，方能创造和谐愉快的人际关系，真诚和尊重是相辅相成的。

真诚是对人对事的一种实事求是的态度，是待人真心实意的友善表现，真诚和尊重首先表现为对人不说谎、不虚伪、不骗人、不侮辱人，所谓“骗人一次，终身无友”；其次表现为对于他人的正确认识，相信他人、尊重他人，所谓心底无私天地宽，真诚的奉献，才有丰硕的收获，只有真诚尊重方能使双方心心相印，友谊地久天长。

当然真诚尊重是重要的，然而在社交场合中，真诚和尊重也表现为许多误区，一种是在社交场合，一味地倾吐自己的所有真诚，甚至不管对象如何；一种是不管对方是否能接受，凡是自己不赞同的或不喜欢的一味的抵制排斥，甚至攻击。如果在社交场合中，陷入这样的误区也是糟糕的。故在社交中，必须注意真诚和尊重的一些具体表现，在你倾吐衷言时，有必要看一下对方是否是自己真能倾吐肺腑之言的知音，如对方压根儿不喜欢听你真诚的心声，那你就徒劳了。

另外，如对方的观点或打扮等你不喜欢、不赞同，也不必针锋相对地批评他，更不能嘲笑或攻击，你可以委婉的提出或适度的有所表示或干脆避开此问题。有人以为这是虚伪，非也，这是给人留有余地，是一种尊重他人的表现，自然也是真诚在礼貌中的体现，就像在谈判桌上，尽管对方是你的对手，也应彬彬有礼，显示自己尊重他人的大将风度，这既是礼貌的表现，同时也是心理上战胜对方的表现。要表现你的真诚和尊重，在社交场合，切记三点：给他人充分表现的机会，对他人表现出你最大的热情，给对方永远留有余地。

2. 平等适度的原则

在社交场上，礼仪行为总是表现为双方的，你给对方施礼，自然对方也会相应的还礼于你，这种礼仪施行必须讲究平等的原则，平等是人与人交往时建立情感的基础，是保持良好的人际关系的诀窍。平等在交往中，表现为不要骄狂，不要我行我素，不要自以为是，不要厚此薄彼，更不要傲视一切，目空无人，更不能以貌取人，或以职业、地位、权势压人，而

是应该处处时时平等谦虚待人，唯有此，才能结交更多的朋友。

适度原则即交往应把握礼仪分寸，根据具体情况、具体情境而行使相应的礼仪，如在与人交往时，既要彬彬有礼，又不能低三下四；既要热情大方，又不能轻浮谄谀；要自尊却不能自负；要坦诚但不能粗鲁；要信人但不能轻信；要活泼但不能轻浮；要谦虚但不能拘谨；要老练持重，但又不能圆滑世故。

3. 自信自律原则

自信的原则是社交场合中一个心理健康的原则，唯有对自己充满信心，才能如鱼得水，得心应手。自信是社交场合中一份很可贵的心理素质。一个有充分自信心的人，才能在交往中不卑不亢、落落大方，遇到强者不自惭，遇到艰难不气馁，遇到侮辱敢于挺身反击，遇到弱者会伸出援助之手；一个缺乏自信的人，就会处处碰壁，甚至落花流水。

自信但不能自负，自以为了不起、一贯自信的人，往往就会走向自负的极端，凡事自以为是，不尊重他人，甚至强人所难。那么如何剔除人际交往中自负的劣根性呢？自律原则正是正确处理好自信与自负的又一原则。自律乃自我约束的原则。

在社会交往过程中，在心中树立起一种内心的道德信念和行为修养准则，以此来约束自己的行为，严以律己，实现自我教育，自我管理，摆正自信的天平，既不必前怕虎后怕狼的缺少信心，又不能凡事自以为是而自负高傲。

4. 信用宽容的原则

信用即是讲究信誉的原则。孔子曾有言：“民无信不立，与朋友交，言而有信。”强调的正是守信用的原则。守信是我们中华民族的美德，在社交场合，尤其讲究一是要守时，与人约定时间的约会，会见、会谈、会议等，决不应拖延迟到。二是要守约，即与人签定的协议、约定和口头答应他人的事一定要说到做到，所谓言必信，行必果。故在社交场合，如没有十分的把握就不要轻易许诺他人，许诺做不到，反落了个不守信的恶名，从此会永远失信于人。

宽容的原则即与人为善的原则。在社交场合，宽容是一种较高的境界，《大英百科全书》对“宽容”下了这样一个定义：“宽容即容许别人有行动和判断的自由，对不同于自己或传统观点的见解能够耐心公正的容忍。”

宽容是人类一种伟大思想，在人际交往中，宽容的思想是创造和谐人际关系的法宝。宽容他人、理解他人、体谅他人，千万不要求全责备、斤斤计较，甚至咄咄逼人。总而言之，站在对方的立场去考虑一切，是你争取朋友的最好方法。

礼仪是女人成功的通行证

哈佛大学情商课将社交礼仪作为女性人脉情商中的必修课之一。良好的社交礼仪不仅关系到女人的优雅形象和气质，也是女人成功的通行证。

无论是银幕上还是在真实的生活中，让人着迷的往往不是漂亮的女人，而是那些得体优雅，懂礼仪有教养的女人。讲究仪表修养的女人才会具有高贵的气质，温柔典雅的女性才能散发迷人妩媚的气息，彬彬有礼的女人能使自身的美焕发出一种特殊的力量，而这一切是雅致和谐和仁爱的总汇。

羽西是一个时代感极强、极富有代表性的魅力女人，接受过正规的东西方文化教育和熏陶，不仅仅“用一只口红改变了中国女人的形象”，还是在中国特定历史年代启蒙中国女性礼仪魅力的一面镜子。她强调一个人的魅力重要的是来自人格的魅力，要首先学会尊重他人，学会遵守礼貌礼仪的原则和规范。

下面是一些基本的社交礼仪，对你来说是很有必要了解和学习的。

1. 介绍。介绍的顺序应该是先将年幼人士介绍给年长的人士；将晚辈先介绍给长辈；将男士介绍给女士，以表示身份和性别上的尊重。

2. 握手。握手应用右手，身体微微地前倾以示尊重，双方距离1米为

宜，用力适度以示诚恳热情，过轻过重都是失礼的行为。

握手时要热情，面露笑容，注意对方眼睛，并亲切致意，切不可漫不经心，东张西望。如果手上有手袋，应用左手拿住。

3. 交换名片。应站立、面带微笑、目视对方，用双手或右手将名片正面交与对方，接受他人名片后应道谢，并阅读名片，以示礼貌。

4. 交谈。交谈应注视对方面部，既不可死死盯住对方的眼睛，也不可草草应付不与对方眼神交流。交谈者的距离应在2米以内，2米以内是较为紧凑和谐的私人空间；2米以外容易分散注意力，影响良好的沟通氛围。交谈时不应随意打断对方谈话。

5. 电话。电话是看不见的人际交往方式，语言是唯一的魅力，通常电话应在第二声铃响之后接听，如铃响超过了四声，应主动向对方表示歉意。在西方有一个不成文的规定，电话应避开清晨、晚间十点左右以及吃饭的时间，接电话时应避免与他人谈笑或吃东西、处理其他事情等等，除非不得已，同时应向对方作说明。

6. 拜访。务必要避免没有预约的拜访，并应尽量避免在吃饭或休息时间因故失约，务必要提前通知对方。居家私人拜访，特别是应邀就餐时应该携带花卉、酒等特色小礼品。

在顾客家中，未经邀请或允许，不能参观住房，即使较为熟悉的，也不要任意抚摸和玩弄顾客桌上的东西，更不能玩顾客名片，不要触动室内的书籍、花草及其它陈设物品。

7. 接待。客人初次拜访通常都有拘谨和生疏感，务必要将客人一一介绍给在场的相关人士，并应主动介绍客人可能会需要的设施，如洗手间等。待客时不要经常看手表，会给客人造成急于送客的错觉。

在工作中接待客户时，应该点头微笑致礼，如无事先预约应先向顾客表示歉意，然后再说明来意。接待客人应热情主动，及时了解他的需求是最为重要的。

8. 乘车。乘车姿态富有很强的动感，最能表现女性优雅的风度，也最容易暴露问题，坐车的时候不能撅着臀部爬进去，而是让臀部先坐在位置上，再将双腿一起收进车里，并保持合拢的姿势。司机斜后方的位置是最尊贵的，司机旁的位子通常是下属或工作人员的。有一种情况应注意，当你的丈夫或太太或情侣开车时，你务必应该与他（她）同坐前排。乘车后你要打理座椅，带走乘车时用过的废品。

9. 用餐。只在用餐时间才吃东西，注意自己用餐的仪态，动作要轻盈，尽量不要发出很大的声音，餐后注意环境卫生，桌面应擦拭干净，餐盒应立即扔进远离工作场合的有盖垃圾桶里。

10. 修饰。头发经常清洗、梳理、修剪，保持卫生、美观；略施淡妆，显示出清雅、愉快、自信的神态；服装得体、大方，不要穿过分薄、透、露的服装，颜色也要注意和谐淡雅；注意口腔卫生，经常洗澡、剪指甲。

讲究礼仪的女人都会显示出与众不同的风采，会得到他人的尊重。即使你的外貌不是最吸引人的，而你绰约的风姿、时尚的发型、得体的服饰、优雅的举止、不俗的言谈也会让人着迷。

只有知晓礼仪，做到仪容端正、谈吐文雅、举止大方、彬彬有礼，才能成为生活中最具魅力的女人，才最容易获得成功。

懂得尊重别人的女人最受欢迎

哈佛大学心理学家普遍认为，有吸引力的个性对个人而言是一笔极有价值的财富。拥有有吸引力的个性，可以促使人际关系更加畅通无阻。因此，女人要注重通过各自细节来打造自己有吸引力的个性。

所有的人都懂得处理好人际关系的重要性，但尽管如此，大多数人都不知道怎样才能处理好人际关系，甚至相当多的人错误地认为拍马屁、讲奉承话、请客送礼，才能处理好人际关系。其实，处理人际关系首先要做到的是，学会真正地去欣赏他人和尊重他人。

人类个体千差万别，而世界也正是因此而丰富多彩。由于每个人的先天禀赋及后天经历的不同，使得每个人的个性都很不一样。所以，要与人

和睦相处，就要尊重别人的性格和个性。有的人急躁，有的人沉稳；有的人热情开朗爱热闹，有的人冷漠好静喜独处；有的人精明强干工于心计，有的人则质朴厚道大大咧咧；有的人率真明快，有的人则深藏不露。每个人的个性没有优劣之分，这就决定了在交际中不能用一种标准来要求所有的人，尊重他人的性格特征是人际交往中最基本的准则。

但是，有的女性朋友在人际交往中，不愿意体谅对方的个性特征，只是从主观愿望出发，认为自己所喜爱的别人也喜爱，自己所厌恶的别人也厌恶，因此总是与别人发生矛盾和冲突，致使感情不和。面对多样性的个性，在人与人的交往过程中也必须采用多样性的方法和手段。尊重别人就要从尊重个性开始。

1.你发自内心的欣赏和尊重对方，对方也会由衷地喜欢你并真诚相待

要学会从内心深处去尊重他人，能客观地评价他人，看到别人的优点，你会发现你的亲人、朋友、同事、上司或下属身上都有令人佩服、值得尊重的闪光之处。发自内心去尊重和欣赏他人，就达到了处理人际关系的最高境界。

2.想得到对方的称赞，先给对方投去赞赏的目光

人都有一个共同的弱点，就是希望别人欣赏自己、尊重自己，这一点在女人身上尤其明显。比如，当一个女人身穿漂亮的新衣服，会满心欢喜地期待着别人的交口称赞，如果没有得到称赞，心里就会郁郁寡欢。所以，当想获得别人的称赞时，不妨先对对方的变化做出惊喜和称赞的态度。

3.放大别人的优点，认识自己的不足

容易看到别人的缺点而很难看到别人的优点，这是人性的弱点。客观地观察别人和自己，就会意识到，原来自己还有许多不足，而身边的人都有值得自己学习、借鉴的地方。所以，不能因为别人有缺点就去否定对方，而是应该因为别人有一些比自己强的优点而去欣赏和尊重。在企业里与上司、同事、下属相处时，如果能客观地发掘对方的优点，并且真诚地尊重和欣赏对方，那么人际关系便如鱼得水了。

4.欣赏和尊重会让人际更融洽，让人生更丰盈

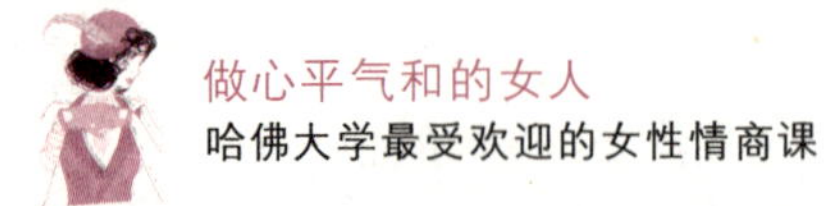

女人如果能够懂得在社交中如何欣赏、尊重他人，处理好人际关系就会带来无尽的好处和机会。比如不用花费金钱去请客送礼，不用伪装自己去浪费感情；不必担心当面奉承背后忍不住发牢骚而露馅，不必担心讲假话，提心吊胆，食寐不安。因为能真心尊重和欣赏别人，便会去学习别人的优点克服自己的弱点，使自己不断完善和进步。

所以，一个懂得用欣赏人、尊重人处理人际关系的女人会过得很愉快，别人也会同样的欣赏和尊重她，而一个提倡欣赏人和尊重人的团队也将会是一个关系融洽的大家庭，团队中的每一位成员都能欣赏和尊重别人，因此每一位成员也受到别人的欣赏和尊重，每一位成员都会心情舒畅，于是这个团队的凝聚力会提高。

设身处地为他人着想

哈佛大学情商课指出，一个人要想赢得别人尊重，你首先要知道如何开发个人魅力。魅力对于女人，不只是光鲜的外表，也是关系着个人成功与否的重要特质。每个女人都不能忽视。

记住，别人也许是错的，但他本人并不一定意识到这一点。不要去责备他，那样做太愚蠢了。应该试着去了解别人，这样的人才是聪明、宽容的人。别人之所以那么想，一定有他的原因。找出那个隐藏着的原因，那你就拥有了解释他行为或者个性的钥匙。

试试看，真诚地设身处地为别人着想。

如果你总能对自己说：“我要是处在他的情况下，会有什么感觉？会有什么反应？”那你就能节约不少时间，免去许多苦恼。因为“若对原因感兴趣，我们就不大会讨厌结果”。而除此以外，你还将大大增加为人处世的技巧。

肯尼斯·库第在他的著作《如何使人们变得高贵》中说：“暂停一分

钟，把你对自己事情的高度兴趣，跟你对其他事情的漠不关心，互相作个比较。那么，你就会明白，世界上其他人也正是抱着这种态度。这就是，要想与人相处，成功与否全在于你能不能以同情的心理，理解别人的观点。”

日常生活中，人与人交往难免会有不同见解，而不同的见解会使人与人之间言行举止有异，这些本是很正常的事情。如果多些理解，就不会因他人与己见不同而生出隔阂，进而产生矛盾。

只要不是原则性极强的大是大非问题，理解就应成为对不同见解的最好诠释。其实，正是由于人与人之间存在不同的见解，才使得我们这个世界有朝气，从而产生了许多新生事物。退一步说，自己与他人的不同见解存在，才会使得自己去从另一个角度思考问题。也许自己固有的见解原本就是错的，不科学的。正是由于他人的不同见解使自己反省，从而纠正自己错误的认识与观点，并获得新的进步。因此，正确对待不同见解，不仅不是理亏，反而是一种理智的态度。而要做到这点，所需要的就是“理解”。理解他人，理解环境，理解我们所处时代的方方面面；不固执，不偏激，不斤斤计较，更莫要为小事弄得自己心神不安，伤神又伤心。

理解是一缕精神阳光，借助这缕“阳光”，可以澄清我们的思路，净化我们的心灵，使我们在工作、学习和生活中显得更充实，更自在和更快乐。

抛弃狭隘与偏见，平等与人相处

孟德斯鸠说：“人生而平等，根本没有高低贵贱之分。”我们没有权力借后天的给予对别人颐指气使，也没有理由为后天的际遇而自怨自艾。在人之上，要视别人为人；在人之下，要视自己为人。这是做人的一种基本姿态，也是为人的原则之一。

在人际交往方面，哈佛情商课强调：在任何时候，我们都应该摒弃对

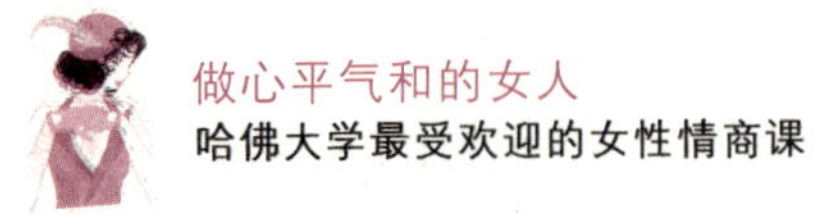

他人的狭隘与偏见，平等地待人。

玫琳凯是美国著名的管理专家，在她成名之前曾是一家化妆品公司的推销员。

有一次，她参加了一整天的销售练习，很渴望能和销售经理握握手。那位经理刚刚作了一场十分鼓舞人们士气的演讲。玫琳凯整整排了3个小时的队，好不容易才轮到她和那位经理见面。但遗憾的是，那位经理根本没有拿正眼看她，只是从她的肩膀上方望过去，看看队伍还有多长，甚至根本没有察觉他要与玫琳凯握手。玫琳凯等了3个小时，就获得了这样的一个接待。她觉得人格上受到了侮辱，面子受到了伤害。于是她立志做一个经理："如果有一天人们排队来和我握手，我将给每一个来到我面前的人全然的注意——不管我当时多么疲劳。"

后来，玫琳凯的愿望真的成为了现实。以她自己名字命名的化妆品公司终于成为一家具有相当规模的大企业，也有很多她的慕名者来找她握手，她确实始终坚持她以前曾发过的誓言。她说："我有很多次站在长长的队伍前，与各种人士作长达数小时的握手，一旦感觉疲劳了，我总是想起自己从前排队和那位经理握手的情形，一想起他不正眼瞧我给我带来的伤害，我立即打起精神，直视握手者的眼睛，尽可能地说些比较亲近的话……"

在人之上，要视别人为人；在人之下，要视自己为人。这不仅是一个心态的问题，也是一个道德的问题。

著名的成功学者戴尔·卡耐基在谈到人际交往时曾指出："指责和批评收不到丝毫效果，只会使别人加强防卫，并且想办法证明他是对的。批评也很危险，会伤害到一个人宝贵的自尊，伤害到他自己认为重要的感觉，还会激起他的怨恨。"所以，他建议不要指责别人，而要"尝试着了解他们，试着揣摩他为什么做出他做的事情。这比批评更有益处和趣味，并且可以培养同情、容忍和仁慈。"

富兰克林说他做外交官成功的秘诀是："尊重任何交往对象。我不会说任何人的缺点……我只说我认识的每一个人的优点。"

凭借良好的人脉塑造新的自我

哈佛情商课告诉人们：只有机缘，没有人缘，最终会使得机缘丧失，人缘经营得好必然会带来机缘。总结哈佛成功女性的人生经历，可以看出，有的女性最初也许很平凡，但凭借良好的人脉渐渐创造了一个新的自我。

社交改变命运，人际创造财富。高超的交际艺术是成功的资本，拥有良好的交际能力和高超的处世技巧，就等于拥有了成功的点金术。

女人要善于塑造自我、肯定自我、提升自我、表现自我，而在人际交往中能够精心营造出属于自己的社交圈，是新时代女性在独立性上的最好体现。

女人要学会打造自己的职场人际圈子和生活人际圈子，拥有雄厚的人脉资源。包括自己的亲朋好友、社会关系成员、家人、职场上的伙伴、生活中的邻居、事业上的贵人等，都是人脉的基础。女人建立一个良好的人脉关系，生活就会变得轻松充实，工作也会变得顺利，人生会丰富多彩，成功就会离自己越来越近。

女人的魅力大小，很大程度上取决于人际关系。而良好的人际关系，来自于良好的社交。所以，女人不应该忽视社交的力量和作用。会交际的女人才是智慧的女人。

朋友是社交圈中重要的组成部分，男人需要有肝胆相照的好朋友，女人也同样需要推心置腹的闺蜜。这样当女人在孤单和无助的时候，就会获得朋友们的关心和安慰，当面临危险或者困境时，有了朋友在身边就不会感到害怕；当伤心烦恼时，向朋友倾诉一下就会豁然开朗。所以，人生不能没有朋友。女人更需要友谊。有朋友在身边，可以与自己分享快乐，分担痛苦。

良好的人脉关系是发展事业的前提，事业成功的概率与社交圈的大小息息相关。在生活和工作中，人们都希望充分发挥自己的才能，但是有时自己的才能得不到充分发挥，或者力不从心，这时就需要团队的合作力量来共同攻克难关。所以，建立职场人脉有助于事业的发展。

有些人由于深谙社交之道，在人际间开辟了广阔的天地，因而成为令人羡慕的成功者。

女人社交的一个最基本的目的就是结人情，交人缘。俗话说："在家靠父母，出门靠朋友"，多一个朋友多一条路，人情就是财富。一个善于交际的女人一定有好人缘，这与善于结交朋友、乐善好施是分不开的。

聪明的女人善于打造自己的交际圈，懂得在多个交际圈中长袖善舞，这不但是女人的自信，也是女人魅力的表现。

1.女人要学会推销自己，拓展自己的人际圈，让别人愿意和自己做朋友

在人际交往中，女人应该尽可能地推销自己。当别人想要与你建立友谊关系，如果你没有表示出足够的热情，会失去一个与对方交流的机会。而如果对对方的热情作出回应，那么就会多一个朋友。

推销自己不必刻意地在众人中表现，很多时候交友都是通过日常的接触、朋友的介绍或参加某个活动中完成的，或许在不经意间就认识了一位朋友。比如在旅行中，如果途中正好路过一位熟人，可以提议与对方共进午餐或晚餐，这有利于增加彼此的了解。

多出席一些重要的活动，会对你扩大自己的社交圈有很大帮助。因为重要的活动可能会同时汇聚了自己的不少老朋友，利用这个机会你可以进一步加深一些印象，同时还可能认识不少新朋友。所以对自己关系很重要的活动，不论是升职派对，还是同事的婚礼，都要积极参加。

在社会交往中，女人可以表现得主动些，而不是总做接受者。如果被动地等待别人和自己做朋友，而不会主动联络，帮助别人，那么人际关系圈就无法得到拓展。建立一个良好的人际关系网，无论对职业生涯和个人生活都很重要。

2.真诚交友，真心帮助，是建立人脉的基础

时刻提醒自己要遵守人际交往中的规则，不是"别人能为我做什么"而是"我能为别人做什么"，在回答别人的问题时，不妨再接着问一句：

“我能为你做些什么？”

如果朋友遇到困难时及时安慰或帮助他们。不论你关系网中任何一个人遇到麻烦时，你应该立即与他通话，并主动提供帮助。这是表现支持、联络感情的最佳时机。

遇到朋友或同事升迁或有其他喜事要记得在第一时间内赶去祝贺。当你的关系网成员升职或调到新的组织去时，也要尽早赶去祝贺他们。同时，也让他们知道你个人的情况。如果不能亲自前往祝贺，最好也应该通过电话来表达一下自己的友谊。

3.组建有力的人际关系核心，稳固自己的交际圈

在自己的关系网络中选几个自认为能靠得住的人组成稳固、有力的人际关系的核心，包括自己的朋友、家庭成员和那些在你职业生涯中彼此联系紧密的人。稳固的人际关系核心构成影响力的内圈，有助于自己受益。在这个圈子里不存在勾心斗角，并且会从心底为你着想，帮助自己，你在人际关系的核心圈中会相处得愉快而融洽。

不要花太多时间维持那些对自己无益处的老关系。当你对职业关系有所意识，并开始选择可以助你事业成功的人时，你可能不得不卸掉一些关系网中的额外包袱。其中或许包括那些相识已久但对你的职业生涯没什么帮助的人。如果你一再维持对你无益处的老关系，只是意味着时间的浪费。

真诚地对待你生活中的每一个人

哈佛大学精英信奉的一条著名的人脉法则是：成功，不在于你是谁，而在于你认识谁。

女人要想获得自己期望的成功，就要有广泛的人脉圈。在广大的人脉圈中，要建立和维系起来也是需要技巧和能力的。生活就像山谷回声，你付出什么，就得到什么；你耕种什么，就收获什么。而人脉同样也遵循着

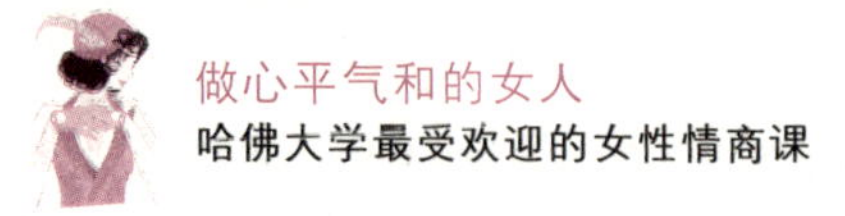

这种因果关系，你真诚地对待别人，同样你也会收获别人的真诚。

我们每个人，在自己所接触的人中，会有各种各样的人，他们中有与自己合得来的，也有合不来的。虽然我们有权利选择和什么样的人来往，甚至可以尽量不和自己性格不和的人交往，但是，这绝不是一个英明的选择。因为无论在任何时候，我们都生活在一个集体之中，这就注定必须和这样那样的人相处，因此，我们只有积极主动地努力适应对方的性格特点，真诚地对待身边的每一个人，才能建立良好的人际关系。这是哈佛情商课所强调的一点。

在人际关系上经常出问题的人，大多都是放弃了这样的努力：没能积极主动地去适应别人的性格特点。自己不做出让步，去努力适应别人，却一味地批评别人“那个人有缺点……”“这个人令人讨厌……”这样就不可能与别人建立良好的人际关系。与合得来的人能建立起良好的人际关系，谁都能做到。可是，如果是性格合不来的或自己讨厌的，也应该努力适应他们，真诚地对待他们，并和他们建立起良好的人际关系，这才可以说是一个出色的“外交家”。

与人相处，要认清对方的特点，然后采取适宜的交往法则。比如，对于心思比较细，重视礼节的人，若采取无所顾忌的粗鲁的方法，那你们之间就不可能建立起和谐融洽的关系。相反，对于不拘小节的人，过于小心谨慎地应对，对方会很厌烦，自然也不会建立起良好的人际关系。要想使自己的人际关系和谐，要想使自己轻松愉快地工作，那就一定要努力适应别人，采取与之相应的交往法则。

对于女性朋友来说，为了与自己性格合不来的人建立起良好的人际关系，平时多用心、多留神是非常必要的。在掌握了人际关系基本常识的基础上，无论遇到任何事，都要试着改变一下自己的思维，改变一下自己的观点、看法。做这些努力对彼此之间关系的好转大有作用。

人际交往中的真诚不等于双方直接简单、毫无保留地相互袒露，它要求我们本着善意和理性，把那些真正有益于对方的东西送给对方。

要把握住一点，真诚的核心和灵魂是利他，也就是与人为善。如果对别人来说，“谎话”更适宜和容易接受，又不会伤害任何人的利益，我们

不妨放弃对“完全诚实”的固执；但在任何时候，都绝不能为了个人利益而放弃诚实。那些经常为私利表现不诚实的人是不会获得成功的。一个人对其他人表现出完全的不诚实时，在钱财方面是有可能获得成功的。但是，他绝对不可能永远自欺欺人。

在生活中要做一个真诚的人不容易，因为它来不得半点虚假和功利，需要实实在在地付出、奉献。一个处处为他人着想，绝不为个人利益放弃诚实的人，人人都会真诚接纳他，愿意和他交往。所以要想给人留下好印象，最要紧的是“恰当地真诚”。这是女性朋友们在人际交往中要把握的一条重要准则。

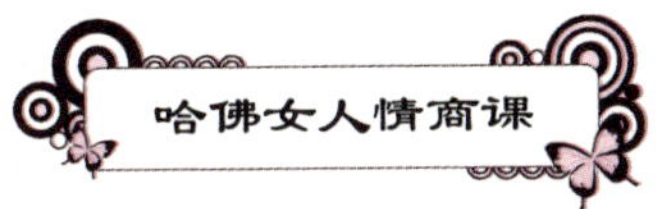

★女人要善于塑造自我、肯定自我、提升自我、表现自我，而在人际交往中能够精心营造出属于自己的社交圈，是新时代女性在独立性上的最好体现。

★讲究仪表修养的女人会具有高贵的气质，温柔典雅的女性能散发迷人妩媚的气息，彬彬有礼的女人能使自身的美焕发出一种特殊的力量。

★通常那些社交关系广泛的女人，都是言谈灵活，初次见面就能给人好印象的女人。

★人际交往中的真诚不等于双方直接简单、毫无保留地相互袒露，它要求我们本着善意和理性，把那些真正有益于对方的东西送给对方。

职场情商，成熟稳重，女人不“狠”地位也稳

哈佛心理学家认为，那些在职场中出类拔萃的精英之所以表现优秀，自身的能力是一方面，更重要的是他们都拥有高情商。职场中的高情商女人心智成熟，性情稳重，在说话、做事等方面都现出成熟大方的专业形象，给同事以信任与亲和感。她们不为人事纷繁而纠结，也不为暂时得失而烦恼，而是利用自身的优势应对一切，在职场中走得更加稳健和从容。

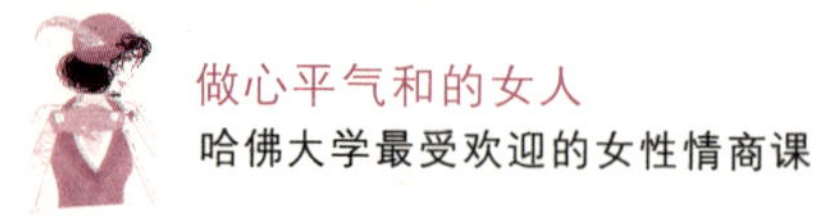

发展职业生涯离不开情商

对于职业生涯成功的定义，传统方法所强调的是升职和高薪。另一种衡量职业生涯成功的方法则强调心理因素，是指来自于实现人生最重要目标的一种自豪感或个人成就感。心理成功并不排斥传统意义上的成功。总而言之，职业生涯成功是指在获得组织奖励的同时也感到个人满意。获得成功的职业生涯对自我实现或自我成就可以起到很重要的作用。

朱莉娅在父亲创建的公司做金融分析工作。她的事业与其说是“选择”来的不如说是家族需要。她的父亲孜孜不倦地培养这个独生女，想让她作为公司的继承人，做金融分析工作就是她进父亲公司前积累必需的实际工作经验的第一步。

然而朱莉娅感到自己的事业并不那么尽如人意，她的事业中似乎缺少点什么，朱莉娅也决心找到自己到底缺少什么。她兴趣广泛，为人热情。公司虽然满足了她的某种需要，但是，工作范围却相当狭窄。她需要一块更大的画布绘制自己的职业蓝图。

听朱莉娅谈论工作、同事和自己的想法十分让人着迷。她想象力十分丰富，并且富有同情心，容易与他人产生共鸣。她能够真正体会他人的感受，并且能够将别人的情绪经历和自己的情绪很好地联系起来。她将这些情绪融入了自己的思维，于是便产生了创造力极强、有深刻见解的观点。

几个月以后，她被一家刚刚起步的公司雇用。这次，朱莉娅没有做金融分析员，她在营销和新产品开发部门担任副经理，这个职位为她提供了发挥创造力的机会。

女性如何规划自己的职业生涯，开创如鱼得水的工作局面？哈佛大学的相关专家建议，除了积极运用情商蓝图中描述的各种技巧来发展自己的职业，同时进一步掌握下面的小技巧。

1.制定一套专业道德规范

制定专业道德规范是职业发展的一个良好开端。基于价值观的道德规范决定哪些行为是正确的或错误的，哪些行为是好的或是坏的。

2.准确地进行自我评价

职业发展的一个重要策略是准确认识自己的优势、可改进的地方以及偏好。

3.培养专业技能与热情，并围绕其构筑职业生涯

发展职业可以从培养有用的工作技能开始，然后围绕这些领域构筑你的职业生涯。对你的工作充满热情是专业技能培养的组成部分，一个人除非对自己的工作领域充满热情，否则很难持续发展其工作技能。

4.获得优秀的工作业绩

良好的工作业绩是你构建职业生涯的坚实基础。在大多数公司里，工作能力依然是获得成功的主要因素之一。

5.在持续学习与自我发展中不断成长

持续学习有各种形式，包括正式就学、参加培训项目与研讨会以及自学。自我发展也包括多种学习形式，但这一过程常常强调个人改善与技能培养。改善你的工作习惯或提高团队领导能力就是在工作中进行自我发展的例子。

6.记录你所取得的成就

请准确记录你在职业生涯中所取得的成就，这样在公司重新给你分配任务或晋升你的时候将有备无患。这份成就记录对于准备简历也很有用处，有形的、可量化的成就比他人对你的成绩的主观印象更为管用。记录你所取得的成就能使你不卑不亢地宣传自己，当与公司的关键人物一起讨论工作时摆出事实，这样就可以既不抢占太多的团队荣誉，又可以让他们知道你的功绩。

7.塑造专业形象

表现出专业形象有助于在商业关系中形成信任与亲和感。你的着装、办公桌、谈吐以及综合知识，应该给人一种专业、负责的形象。使用标准的语法与句式结构能给你带来优势，因为太多的人使用非常不正式的方式

讲话。知识渊博也很重要，因为今天的职业商务人士应该对外部环境了如指掌。

8.尽量减少职业发展中的自我挫败行为

职业发展中自我挫败行为主要有以下几种形式：拖延；正当事情进展顺利时，一次又一次把事情搅乱；自我陶醉；情感不成熟；对自己有太多的负面评价；不现实的期望；报复心理；刻意吸引别人的注意力；寻找刺激；经常旷工与迟到。

工作拖沓是自我挫败行为的首要形式，它会毁掉一个人的职业生涯。其他许多行为也会让你无法达成目标，并损害你的职业发展。克服这些行为的一个办法是，恳请他人对于那些在你掌控之中的，并且对你的职业发展造成损害的行为提供反馈信息。

培养正确的工作态度和价值观

哈佛校训之一是：一个人的成长不在于经验和知识，更重要的是在于是否有正确的思维观念和思维方式。积极主动，将“要我做”变为“我要做”，学会有效管理时间是每位职场女性必备的态度和能力。

到底能不能养成良好的工作习惯，掌握有效管理时间的技能，这其实是一个对工作价值的认识问题，也是一个能否对工作和时间采取正确态度的问题。比如，如果你认为你的学业或者工作非常重要，而且时间是非常宝贵的资源，那么你就会自发养成良好的工作习惯。

裕纪的公司决定离开纽约，但是，她却认为自己无论如何都应该待在那里。在日本，裕纪曾经是个金融领域成功的实业家，也是个小有名气的人物。在纽约，她想要开一家小规模的风险投资基金公司，而且她已经成功地获得了一个富有的日本投资者的小额投资。

裕纪被介绍到总部在西雅图的一家吸收基金的美国公司。于是，裕纪

要坐飞机到西雅图与公司人员会面，但是，中介公司却没有及时安排好裕纪飞西雅图的飞机。裕纪感到很失望，于是打电话给西雅图公司总部的执行总裁，正好总裁要在下周去纽约。于是，他们决定在纽约见面。

裕纪是个很积极乐观的人。她愿意和消极的情绪斗争到底，也总是努力避免消极的感觉，在听到坏消息的时候，第一反应就是试着“让自己平静下来”。她掌握了十分熟练的情绪技巧，无论什么时候产生消极的感觉时，她都会马上运用这些技巧。于是，问题就解决了。

如果我们能够确定自己的使命，然后制定目标，热爱自己的工作，就会比较容易做到。一个人如果有自己的生活使命（生命意义），那么他往往会尽可能好地利用时间做对自己有意义的事情，进而成为一名成果丰富的人。目标往往比使命更加具体，它们的方向与使命是一致的，而且也具有和使命一样的激励效果。致力于完成目标也会促进合理利用时间。

工作不光是需要埋头苦干，有时更需要讲究方法、技巧。人们往往通过埋头苦干，而不是富有想象力地寻找更好的解决方案来解决问题，许多时间和精力就这样被浪费了。比如，当你在开始进行网上搜索以前，最好先仔细想想应该键入什么样的关键词才能够让你迅速找到所需要的信息，那样你就不会把许多时间浪费在一堆无用的信息中。

在工作中，我们要注意珍惜时间。非常珍惜时间的人往往希望能够好好利用时间。如果一个人认为自己的时间非常宝贵，那么让他在工作时间闲聊是一件非常困难的事情。致力于完成一项目标可以自动地让你合理利用时间。

我们不是电脑，做不到同一时间内完成多个任务，所以，不要同时做太多的事情。许多人未能按时完成工作，是因为他们同时接受了太多的工作，以至于超出了他们的承载能力。特别是有些已经不堪重负的人还自愿安排额外的活动。比如，一个工作压力已经很重的人还接受了社区活动的邀请，那么他的日程安排就更加紧张了，而且完不成的任务数量也会越来越多。

为了避免这种情况的发生，职场女性必须学会对那些额外的要求说“不”。如果你不能有技巧地拒绝那些会干扰你工作的额外要求，那么你就不能完成最重要的工作。如果你的上司给你布置了新的任务，并且已经超出你的负荷，那么你就应该向他说明这项新的任务会与优先级更高的工作产生冲突，并提出相应的解决方案。但是，不要过于频繁地拒绝你的上司。当你采用这一方法来提高个人生产力的时候一定要审慎，并且要有技巧。

工作狂虽然值得敬佩，但不值得学习。职场女性要注意适当的休息。一个能够保持良好工作状态的人十分明了过度工作会产生压力，同时也会让人精疲力竭，这都会严重影响生产力。让身体得到恰当的休息和放松，可以让精神保持振作，而且也会提高人们应对挫折的能力。如果一个女人忽略了对于休息的正常需要，那么她就会成为工作狂，对于她们来说如果不工作就浑身不舒服。有些工作狂是完美主义者，她们对于自己的工作永远不会满意，因此总是不能罢手。而且完美主义工作狂还会过分注重控制，无论对己还是对人要求都会非常严格。

除了上面的几点，你还要注意保持自己的办公环境的秩序问题。如果一位女性的办公桌、办公室、公文包或者硬盘非常整齐有序，虽然并不一定意味着她的思路也非常清晰，但是整齐有序的确可以帮助她提高生产力，因为她可以更加集中注意力，而且也不用花费许多精力和时间去寻找那些找不到的信息和文件。注重整齐有序还有其他两个作用：整齐有序是质量的基石，而且，当你整理干净工作区域以后，会有焕然一新的面貌。

减少杂乱状况也是控制压力和简化生活的一种方式。高度发达的物质文明在改善我们生活质量的同时，也给我们的生活增加了许多复杂性。因此，女性朋友要学会抛弃那些不需要的东西。生活变得简单，就容易控制了。

尽快地融入职场圈子

哈佛精英的成功经历给我们这样一个启示：一个人的成功与否不受制

于所遭遇的环境，而是受制于我们所持的态度。对于步入职场中的新人，首先要做的就是尽快完成职场转型，融入到你的职场圈子中去。

小刘3年前就职于一家广告公司。新闻专业，本科毕业的她在公司的表现一直平平。她的顶头上司是个非常傲慢和刻薄的女人，她对小刘的工作经常挑三拣四，没事找事，还时常泼些冷水。一次，小刘针对客户主动地做了一个策划案，但是上司知道了，不但不赞赏她的主动工作，反而批评她不专心本职工作。小刘很受打击，以后小刘再也不敢关注自己的职责范围之外的工作了。小刘觉得，上司之所以老找她麻烦，是因为她不像其他同事一样奉承她，但是她自问自己不是能溜须拍马的人，所以不可能得到上司的青睐，于是她在公司变得沉默寡言，并计划着准备随时跳槽走人。

后来，公司从其他部门新调来一个上司。新上司新作风，从国外回来的Sam性格开朗，经常把表扬挂在嘴边，对同事的工作也经常赞赏有加。在他的感染下，小刘也开始大胆地发表自己的看法。新上司对小刘的想法表示肯定和表扬。由于Sam的积极鼓励，小刘工作的热情空前高涨，她也不断学会新东西，起草合同、参与谈判、跟客户周旋……小刘非常惊讶，原来自己还有这么多的潜能可以发掘，想不到以前那个沉默害羞的女孩，今天能够跟外国客商为报价争论得面红耳赤。

在职场中，这样的情况并不少见：

一是你努力奋斗、你聪明非常，你或许有许多难得的创意，或许有很多管理的思路，但工作一段时间之间，却还是在单位里默默无闻；

二是刚刚参加工作时，雄心万丈，激情四射，充满了活力热情，但工作一段时间后，发现理想与现实相距太远，于是热情逐渐褪去，雄心已经不再，在单位里最终默默无闻。

为什么会出现这种情况呢？可能是因为你还没有融入到职场的这个“圈子”。

职场上的圈子主要指的是和同事之间的关系。面对陌生的职场环境，心理上刚刚断乳的职场新人，往往会出现一段时期的“社交空窗”，常常因此更加在意自己的举动，潜意识里把自己固定在新人的角色上，处理人际关系时，容易拘谨、害羞、多疑和无所适从，总感觉自己落了单，这也是作为职场菜鸟们最容易感到苦闷的事情。

而如果工作一段时间后仍然无法融入这个圈子，就可能会面临以下情况：工作表现稍稍突出，有人会风言风语，但是表现略有不积极，别人又会有微辞；积极表达自己观点，会给人留下爱出风头的印象，但如果经常保持沉默，有人又准说是故意玩深沉。

在这样的情况下，再高的才华、再强的能力也会暗淡无光。

所以，职场女性要明白，做事的时候，不要忘记去寻找属于你的圈子。

找到了适合自己发展的圈子，并且融入了工作的圈子中时，你的才能才得以发挥。这就是圈子的作用。高情商女性都能够深刻领会，并加以巧妙灵活地运用，所以她们在工作中总能够得心应手、顺风顺水。

与上司和同事友好地相处

任何想要在工作上取得成功的人，都必须和上司、同事以及顾客保持良好的人际关系。哈佛大学的一项调查显示，有90%的员工被解雇不是因为工作能力低下，而是因为工作态度不端正、行为不当以及难以和他人建立良好的人际关系。在职场中工作中的女性，当你想要加薪、晋升或调到更好部门的时候，都需要得到顶头上司的首肯。同时，如果你和同事关系良好，那么你在开展工作时就能够得到他人的帮助，顺利完成工作也就不成问题。

首先，要与上司建立良好的人际关系。

1.从上司的角度看待问题

尝试着从上司的角度来看待工作中的问题。要想从他的角度看待问题，就必须首先了解他的个人风格。比如，你的上司是否会在决策前抛弃

那些不太成熟且风险较大的想法？如果是，那么他虽然会向你征询意见，但实际上并不一定会采纳。所以，如果你提出的风险较大的方案最后没有被采纳，那也不要灰心丧气。

2.弄清上司对你的期望

有些人没有把工作做好仅仅是因为他们没有完全理解上司要求他们干什么。有时候，员工必须主动与上司沟通，弄清上司对于自己工作的期望是什么，因为上司有时也会忘记说清楚。

3.建立信任的关系

要与上司建立良好的关系就必须赢得他（她）的信任。信任是通过一系列长期的行为累积起来的，比如按时完成工作，信守诺言，准时上班不无故缺勤，不向他人散布机密信息等。

表示你忠于上司的一个有效途径就是支持上司的想法。比如，你的上司想要采购一个工业机器人，你就可以研究一下使用机器人对于工厂有什么好处，并且向他人介绍你的研究成果。忠诚往往还意味着不要将上司告诉你的机密消息泄露给他人。

当工作出现问题的时候，一定要坦诚地告知你的上司，不要报喜不报忧。当然，如果你的上司已经有一大堆困扰缠身，那么你就应该在说明问题的同时提供符合客观事实的合理解释或解决方案，而不是说谎。

4.尊重上司的权威

报告问题的同时也给出解决方案。许多员工在会见上司的时候只是带着问题去，如果上司已经压力重重，这样做只会给他带来更大的压力。如果能够想好解决方案，或者把问题解决后再向上司汇报，这对他来说就是一种压力释放。

建设性地表达歧义。在当今的职场中，如果你确实认为你的上司想法有误，那么更好的做法是以建设性的方式表达你的真实想法。从长远来看，这种做法比一味逢迎更加能够赢得上司对你的尊重。但前提是你必须对情况进行了深入透彻地分析，而且能够十分巧妙地表达。这意味着：千万不要当众大声与你的上司对峙，这会让他处于十分尴尬的境地。如果你不同意上司的想法，那么应该小心措辞，尽量不要采用冒犯的语气。

5.审慎地发展与上司的私人关系

一个一直困扰员工的问题是，应该与上司发展何种类型的私人关系，以及发展到什么程度才是合适的。解决这个问题的一个指导方针是在大多数员工都可以参与的活动中与上司发展友善的私人关系；而与上司在工作之余的单独社交活动往往会导致角色冲突，这些活动包括独自与上司在外宿营或是两人约会等。

6.小心地向上司推销自己的想法

在向上司推销自己想法的时候注意千万不要惹上司心烦。不要一想到什么就急急忙忙地找上司诉说，这样做会浪费他的时间。你一定要等到想法基本完善的时候，再与上司交流，而且要在给出具体建议之前列出实施建议的好处，并列出你的想法中可能存在的缺陷。

7.与上司良性互动

上面所阐述的许多技巧的最终目的就是要做到与上司良性互动。研究发现，有意识地给上司留下良好印象的员工往往能够在绩效评估中获得更好的成绩。有意识地取悦上司的员工往往被认为与上司更加相似，从而取得上司的青睐。

无论你的职位高低，有时候你总需要他人的帮助，而这些人往往并不是你的下属，因此你必须与同事建立良好的人际关系。如果你能和他们保持良好人际关系，那么就能做到一呼百应，开展工作自然也会顺利许多。研究发现，工作中的友谊与工作满意度以及工作热情的提高有关，而且在工作中拥有友谊的员工往往也对组织更加忠诚，辞职的可能性也小了很多。

兰蒂是一位采购专家。一天她面如菜色地闯进办公室说道：“非常抱歉这么贸然闯进来，有没有人能我帮我一把？我花了3个小时在电脑上绘制一份表格，但是不知为何这个文件突然消失了。我真是急死了！”

一位同事马格特说：“不要着急，我可以帮助你整理一下思路，我们现在就过去看看吧。”而另一位同事拉尔夫则悄悄对马格特说：“让她自己去看使用手册吧。否则你可就惨了，以后她每次碰到问题都会来找你的。”

如果你和拉尔夫这样的人待得时间长了，一定会觉得倦怠、沮丧、精疲力竭。而和马格特这样的人在一起一定会积极乐观、充满热情。能够经常

给予别人支持，让别人鼓起勇气充满热情的人往往会获得更好的人际关系。

与同事相处，是有原则可循的：

1.遵守群体规范

这些规范往往是不成文的规定，包括了群体成员哪些行为该做哪些行为不该做的标准。如果你没有偏离这些规范，那么你的许多行为都能够被其他成员所接受。但是如果你偏离得太远，那就可能被群体所抛弃。群体成员可以通过直接观察或者由其他成员告知学习群体规范。

大多规范还会涉及群体成员该和谁一起吃饭，周五下午一起喝茶，或一起加入部门的运动队，甚至涉及上班的服饰穿着。因此群体规范还会影响工作环境中的社会行为，如果你太不遵守这些规范，则很可能被大家驱逐出群体。

但是，如果你太遵守群体规范，又将面临丧失自我的危险。你会被上司认为是“那群人中的一个”，而不是努力在组织中寻求发展的个人。与群体交往过密也要付出代价。

2.成为一个良好的倾听者

与同事建立良好关系的最简单方法就是成为一个良好的倾听者。在工作中同事可能会向你倾诉遇到的各种问题，或者向你倾诉各种抱怨。在午餐、休息的时间以及下班路上可以倾听同事谈论他们的私人生活、时事、体育新闻等，能够密切你与同事的关系，且不会造成不良影响。

3.保持诚实和开放的人际关系

与他人保持诚实和开放的人际关系非常重要。当某个同事询问你有关某个问题的看法时，你应该以诚相待，但是要注意措辞，这样有利于保持开放的人际关系。

4.表现出乐于助人、易于合作、谦和有礼的态度

许多工作都需要团队合作，如果你表现得乐于助人，而且愿意与他人合作，那么就非常容易被视为很好的团队成员。做一个能够给予他人支持的人。给予他人支持的人是能够促进别人成长的人，而且往往也是一个积极的人。

做团队中和谐的一员

哈佛大学校长艾略德曾以“成功的习惯”为题，作过一次演讲。他说：“现在是个竞争的时代，没有竞争，就没有发展；没有压力，就没有动力；没有对手，自己就难以强大。一个人要想成功，必须具备‘你行我也行，你赢我也赢’的竞争意识。有了这种意识，人就不会受嫉妒的折磨，成功就会变得越来越容易。”

哈佛情商课强调，在人生的道路上，成功的人数是没有限制的。你慢慢有了经验与实力，但还没有办法独立时，不如与别人合作。与一般人合作，倒不如与成功者合作。与成功者合作时，先不考虑短期利益，先考虑成功者的成功经验、无形资产以及相关的影响力与长远的效益。

现代社会已经是一个走向合作的时代，一个人的力量能够完成的事已经越来越少了，很多事情都是需要通过别人的帮助，大家共同合作才能完成。所以，那种“凡事自己来”的想法在这个时代已经行不通了，只有通过合作才能实现利益最大化。所以，身在职场，女人首先要融入团队中，在团队中发展和成就自己。

合作能力对一个人事业的成败及工作的好坏具有极大的影响，所以说成功在很大程度上取决于你能否与周围合适的人建立稳固的关系。

李婧是个名牌大学的毕业生。大学毕业以后，她应聘进了一家跨国公司做文员。刚进公司的时候，她可谓志得意满，信心爆棚，在公司里埋头苦干了整整一年后，李婧满以为能够得到公司高层的认可，顺利升迁。但出乎她意料的是，公司的高管似乎并没有提拔她的意思，反而提拔了和她同处在一个办公室的女孩张莹。李婧的心里非常郁闷，张莹的工作能力虽然不错，但跟自己比起来还够不上一个档次，她凭什么升职？问题究竟出在哪里呢？

李婧找到了大学时代的师哥，向他倾诉自己的苦恼。师哥来到了李婧

的公司做客，和李婧的同事、上司进行了初步的接触，这位师哥还通过自己的关系侧面了解了大家对李婧的真实评价，这才找出答案：李婧的专业太优秀了，优秀使她过度自信，自信的她自己都看不出自己在人缘上存在的缺陷了！

平常的时候，李婧工作热情很高，但对待同事和上司的态度却很冷，同事们背地里都叫她冷美人。这直接导致了办公室气氛的不和谐，大家虽然平常都客客气气的，但心里对李婧都带着一种戒备。大家这种情绪，自然就会影响到领导对李婧个人能力的判断。你想，一个连身边人都团结不起来的人，怎么能够委以重任呢？

根结找到了，师哥建议李靖先改变自己的态度，遇事多跟他人商议，学会委婉地表达自己的真实意思，让大家愉快地认可她的意见。同时，注意在适当的时候表现自己的能力，尤其是在工作繁忙的时候，要显出自己的果断和利落。

最后，师哥建议李婧做一张图，最上方写上对自己升职握有决定权的人的名字，下面一字排开，写出可能对这位主管产生影响的人的名字，每个人名字下面注明自己可以帮助对方做什么，对方可以给自己什么样的帮助。然后，按照这张图指示的内容去做，看一看会有什么样的效果。

半年以后，师哥接到了李婧的电话：经过办公室同事和部门主管的一致推荐，她现在已经担任经理助理了，不仅提了薪，更重要的是，她的才华有了更为广阔的施展空间。

李婧的经历告诉我们，在社会工作中，光有优秀的专业知识是很难取得成功的，还必须依靠团队的力量来完成自己难以完成的任务。

激励自己，挑战职业巅峰

自我激励是哈佛情商课中的一个重要方面。哈佛情商课阐明，善于激励自己，努力达到自我实现需要，你就会成为一个完全成功的人。

激励有两种基本理论，一是马斯洛的需要层次理论。马斯洛的需要层次理论把人类不同种类的需要按照金字塔的形状进行排列，最底层的是基本生理需要，最高层的是自我实现需要。根据这一理论，人具有一种内在的动力把自己不断推向需要金字塔的巅峰，即自我实现。

自我实现需要是最高层次的需要，包括自我成就需要和自我发展需要。真正的自我实现是要对理想不断追求才能实现的，而不是占据一个具有挑战性的职位就能满足的。一个人如果实现了自我，那么他就成为了自己应该成为的人。

马斯洛的需要层次理论是一种对于需要进行简单分类的理论。它的出现让许多人开始认真考虑对人的激励问题。它的基本价值在于，它突现了工作场合中需要的重要性。

自信的人的期望值往往很高，而接受良好的培训也可以增强个人能够完成任务的信心。自我效能也会影响期望，如果你觉得自己完全具备完成某一任务的各种能力，你就会因此受到很大的激励。有些自信的、技艺高超的跳伞运动员之所以故意迟迟不开伞，是因为他们相信自己完全可以在以时速200公里做自由落体运动时顺利开伞。

人们做某件事情往往是为了获得某种回报。比如，“只要我这两周每天都出现在办公室（行为），就可以得到报酬（回报）。”

能够很好运用激励相关知识的一个方法，就是诊断一下自己或他人在某一特定情况下没有得到很好激励的原因：是否拥有满足重要需要的机会？是否预期能够成功？是否认为自己能够完成任务？预期是否能够得到回报？是否相信只要成功就能得到相应的回报？回报对自己有意义吗？

那么，对于职场中的女性来说，怎样进行自我激励呢？可以通过以下几个方面来完成：

1.为自己设定目标

设定目标对于激励非常重要。你可以为自己设定年度目标、月度目标、本周目标、当天目标，甚至是早晨目标和下午目标。比如，“在中午以前我要处理完所有的电子邮件，并且为如何提高本部门的安全水平提出

建议。”制定更为长期的目标，或者是人生目标，也可以帮助你获得动力，推动自己达到更高的成就。但是，长期的目标必须辅以一系列相匹配的、具体的短期目标才能发挥作用。

2.寻找能够提供内部激励的工作

学习有关内部激励的内容，再结合对自己的认真思考，你应该可以识别出你认为可以为你提供内部激励的工作。下一步，就是找到能够充分激励你的工作。比如，你可以从自己过去的经历中找到足够的证据说明与他人密切交往可以对你有所激励，那么你就可以为自己找一个较小的、友善的团队去工作。

但有时候由于受到各种条件的限制，你对于工作没有太多的选择权，那么就设法尝试对工作的具体内容尽可能做些改变，以得到你希望得到的回报。如果你觉得解决问题会让你兴奋不已，而你85%的工作都是例行的，那么你就可以试着养成良好的习惯尽快把例行的工作做完，剩下更多的时间去做工作中富有创新的部分。

3.获取工作绩效的反馈

一个人如果没有办法得到有关自己绩效的反馈，无论是主观的还是客观的，那么他将很难一直保持高昂的斗志。即便你的工作非常令人兴奋，你也同样需要反馈。包装设计工作本身就非常吸引人，但是包装设计人员也非常喜欢自己的设计成果被展示出来，因为这能够说明“你的设计足够好，可以让别人欣赏”。

4.对自己运用行为矫正技巧

为了运用行为矫正技巧很好地激励自己，你首先要确定需要得到激励的行为是什么（比如，在周六的晚上工作两小时）。然后，你要找到适合自己的奖惩措施，运用奖励措施来正向强化。

5.提高与目标相关的技能

根据期望理论，只有当你觉得自己有把握完成一件事情的时候，你才会努力去做。而想要提高自己对于成功的主观预期，一个切实可行的方法就是提高自己完成任务所需的技能，这样你就提高了自我效能。对于成功的预期高了，自信心足了，激励作用也就变强了。

6.提高自我期望水平

对自己的期望高，一般往往会取得更好的结果。因为你觉得自己能成功，所以你真的会成功。这种期望的自我实现效果已经由实验得到证明。要培养较高的自我期望以及积极的人生态度需要长期的过程，然而，这对于在各种环境中有效激励自己非常重要。

7.热爱工作

有效激励自我的另一个方法是热爱工作。如果你坚信大多数的工作是有价值的，而且努力工作让人愉快，那么你就会受到很大的激励。让一个不怎么热爱工作的人转变对于工作的看法并不是一件容易的事情，但是如果他反复认真思考工作的重要性，并且向正确的榜样学习，那么他对于工作的看法变得更积极也不是不可能的。

不要轻易满足，做进取型员工

备受哈佛学子推崇的著名潜能激发大师安东尼·罗宾有一个万能成功公式：第一步，确定自己所追求的目标；第二步，立即采用最有可能达到目标的做法，并积极进取，毫不松懈。

在这个竞争激烈的社会，有时候女人仅有“可爱”是不管用的，因为一旦步入社会，你就要面对那些跟你具有竞争关系的其他人。女人应靠自己的胆量去实现美好愿望，不要在安逸舒适的环境中虚度青春年华。

大学毕业后，斯卡雅进了一家设计公司。在设计部，有很多同事的绘图速度都比她快，做方案的能力也更强。看来，如果她想在公司里站住脚，就需要好好下一番工夫。可是，一年过去了，她仍然只是一名普通的设计员。

有一天，老总召集全体员工开会，说：“按照目前的工程量，公司现有的设计师已经够多了，但是业务部却缺少独当一面的能人。我想从设计

师中抽调几名去跑业务，你们有谁愿意吗？”

老总逐个征询在座设计师的意见，但他们都推说自己对业务部的流程一窍不通，难以胜任。其实，他们都认为自己是“学院派”、科班出身，怎么能走街串巷、满脸堆笑地揽活呢？

这时，斯卡雅猛地站起来，自告奋勇地说：“老总，我愿意！”会后，她马上被调到业务部工作。对于她来说，这是十分陌生的工作岗位，很多事情都让她感到晕头转向。她必须迅速适应周围的一切，尽快建立自己的客户网络，才能扩大业务成交量。

斯卡雅开始走出办公室，主动和别人商谈合作事宜，了解市场上的价格与折扣。斯卡雅成了个大忙人，她不仅要负责业务部的大小事务，还要将自己针对每个小区楼盘所做的实地调查情况，做成书面报告交给老总，以便于公司开展下一步具体的工作。

在业务部工作将近四年，斯卡雅建立了稳固的客户群，同时又让其他业务人员充分施展了自己的才干。他们团结合作，创造了前所未有的业绩，使公司上上下下的人都对她刮目相看。

这时，公司正准备起用一些年轻骨干加入管理层，领导们都不约而同地想到了斯卡雅。他们认为她有才干、勤奋努力，为公司创造了巨大效益。老总对她的印象最深刻，因为几年前只有斯卡雅大胆地站出来，承担这份棘手的工作，她确实是一位敢作敢为的现代女性。

斯卡雅顺理成章地进入了管理层，而当初和她坐在同一间办公室的设计师们，却还在从事原来的工作。她靠着自己的无所畏惧，敢于任事，才抢占到先机，让自己在竞争激烈的环境中脱颖而出，成为领导们眼里的宠儿。

不妨大胆一点，多给自己一些尝试的机会。初登舞台，放低姿态；站稳脚跟，慢慢发展；等到机会出现，就一定要大胆出击。有了这种敢于冒险、勇于迎难而上的精神，女人才能够创造奇迹。

聪明的女人，总会在别人还没来得及看清机遇的时候，就已经思虑周全，勇敢地挺身而出，从而顺利取得令人羡慕的成功。懂得这些道理，也就意味着我们发现了超越他人、成就自己的机会。

一些女人经过多年打拼后，感到世事难料，身心俱疲，干脆逃离战场，回家一心一意相夫教子。有些不善处理人际关系的女孩，大学毕业后害怕去找工作，只好待在家里，安安静静地“啃老”。

从心理学的角度来说，在有竞争的情况下，人们能够最大限度地发掘自身潜能，创造更大的价值与财富。好胜心与成就动机，是人类普遍具有的本能，竞争对于积极性的激发和工作效率的提高都大有好处。力争上游的女人，往往更具有开拓精神，能够创造新的价值。

女人在工作与生活中，应当树立拼搏精神：在工作过程中要不甘落后，敢于脱颖而出；在人生道路上要敢于冒尖，勇于参与竞争。一个富有主动性、创造性和竞争意识的女性，自然会积极努力，争取更好的发展空间，赢得别人的尊重和好感。

当然，竞争给女人带来动力的同时，也带来了很多的弊病，比如，在竞争的过程中，容易让人产生嫉妒心，特别是在职业、年龄、地位、性别、学历相当的女人中间，一时的嫉妒心还会引发互相排斥、厌恶、憎恨等激烈情绪，竞争就变成了尔虞我诈、明争暗斗的手段。这样会严重影响女人的健康心理。女人应该持有正确的竞争态度和方式，保持胜不骄、败不馁的健康心态。处于劣势时，女人应当改变思路和方法，自我提高并赶超对方；处于优势时，女人要做到谦虚谨慎，不能看到别人遭遇挫折就幸灾乐祸。

女人向往的生活需要自己去争取。不要胆怯，不要逃避，更不要害怕。别人拥有的一切，你照样可以拥有。保持心理健康，和对手公平竞争，争取过上自己理想中的幸福生活，这才是你应该做的。

具有坚定信念的进取型员工，是世界500强企业最需要的人。

不要轻易满足，要积极进取，要有远大的目标。远大的目标就是一面飘扬的旗帜，不但能鼓舞人心，还能激发人们的斗志，焕发出忘我的精神，使人们清醒地把自己取得的成绩当作继续奋进的起点，而不是夸耀的资本，一路精神饱满地走下去！

女性朋友要明白，职场上的满足，常常是停滞不前和骄傲自满的前奏。它的滋生和蔓延，会在你不知不觉间竖起一道屏障，拦住你继续前进

的脚步，使本该更加出色的你沦为平庸之辈！目标远大，永不满足，时刻乐于接受新挑战的员工永远不会被眼前的利益所迷惑，又不会被暂时的困难所吓倒，他们会用一种永不衰竭的干劲去迎接职场上的风风雨雨，绝不停下探寻的脚步。

不要等待，提高你的行动力

哈佛大学心理学教授戴维·麦克理南认为，21世纪的竞争力决定于行动力；行动力的全方位落实，决定于学习力。

一位毕业于哈佛的商业巨子在谈到他的成功秘诀时，只说了四个字：“现在就做”。的确，很多人习惯于等待，习惯于拖延，习惯于在自己认为合适的时间做事。但是，时间是残酷的，它不会因为你的等待就多陪伴你一会儿，无论你怎样挽留，它也不会停下前进的脚步。记住赛谬尔·斯迈尔斯的话：利用好时间是非常重要的，一天的时间如果不好好规划一下，就会白白浪费掉，就会消失得无影无踪，我们就会一无所成。

在哈佛人的心中，时间是最浪费不得的。他们把时间视为人的第一资源，认为没有一种不幸可以与失去时间相比，因此，他们做事从来不拖延。决断好了事情拖延着不去做，会对我们的人生产生不良的影响。

苏珊娜女士从小就梦想成为一名伟大的作家，虽然总想着一有机会就去写书，可是，学生时代被学习所累，参加工作时又被工作所累，最终她连一个字也没能写出来。所以，她经常会冒出这样的念头：“如果我专心写书的话，那该有多好啊！”

这样的念头变得越来越强烈，让她逐渐对工作和生活失去了兴趣和热情。最终，她主动提出了辞职，因为她觉得自己已经有了一些积蓄，辞掉工作后也不用操心生计，具备了在家里专心写书的条件。

半年过去了，她不仅没有成为一名作家，还把全部积蓄花得精光。更要命的是，她连一篇像样的文章都没有写出来。每当坐到书桌前，她都觉得自己有非常深刻的东西要表达，可是怎么也写不出来，因为她的脑海中已经没有了以前的灵感。在这种状态下，她每天只能写几行字。

日子就这样一天天过去了，她逐渐对自己失去了信心，变得懒惰和嗜睡。突然有一天，她顿悟了，以前因为没有时间而推迟某些事情纯粹是自己找的借口，因此，错过了很多东西，比如在繁忙的工作中忽然冒出的绝佳灵感等。的确，如果她在当时能将那些灵感一一记录下来的话，如果她一直挤时间进行创作的话，可能现在的她在工作与创作两方面都已经获得了成功。

像苏珊娜女士那样，如果觉得因为忙而什么都不做，那么即使她有了时间，也什么都不可能做好。所以当你准备做某件事情的时候，绝对不能拖延，而要立刻付出行动。如果能够做到这一点，那么，世界上没有什么事情是不可能发生的。

哈佛大学教授哈里克曾说："世上有93%的人都因拖延的恶习而最终一事无成，这都是因为拖延能够杀伤人的积极性。"

敢想敢做，可能注定要经受一些挫折，但是那些没有勇气去将自己所想的付诸行动的人，永远都体会不到行动的乐趣，即使是挫折也是自己的一笔宝贵财富。所以要想成功，就要敢想更要敢把自己所想的付诸于行动。

在这个世界上，似乎存在着这么一个真理：对一件事，如果等所有的条件都成熟才去行动，那么你也许得永远等下去。人如果不能创造时机，就应该抓住那些已经出现的时机。当机立断是一个人的能力与才干的表现，一个成功的人懂得机会来到时应该怎么办，更懂得每一件事来临时应该怎么办。"立即行动"就是最好的办法。不管什么时候，如果觉察到拖拉的恶习正在侵袭你，或者这种恶习已经缠住你了，这四个字就是对你的最好提醒。

要养成良好的习惯，在机会面前要立即行动。如果你想赚钱，一定要敢于行动。世界没有免费的午餐，也没有天上掉下来的馅饼。不行动你不可能赚钱，不敢行动你赚不了大钱。敢想还要敢干，不敢冒险只能小打小

闹，赚个小钱。不管什么时候都有许多事情要做，要克服懒惰的习惯，养成立即行动的好习惯。你不妨从遇到的随便一件事上入手，不要在意是什么事，关键在于打破游手好闲的坏习惯。换个角度说，假如你要躲开某项烦人杂务，你就要立即从这项杂务入手。要不然，这些事情还是会不停地困扰你，使你厌烦而不想动手。你一旦养成了“立即就做”的工作习惯，大体上你就把握了人生进取的精义。

目标很重要，计划很关键，行动最有力量！行动是伟大目标得以实现的根本，今天就是你未来人生的新起点。女性朋友们，定好了目标，做好了准备，就出发吧！

树立诚实与守时的良好习惯

哈佛大学教授多洛雷斯·克里格说：“信用会为你积蓄看不见的财富，时间越久，这笔财富就越加珍贵。而欺骗只会恶意透支你的财富，也许只一次，就会让你一无所有。”

人无信不立。以诚相待是人际交往中最重要的砝码，大多数矛盾都能用诚信的办法解决。诚实守信是形成强大亲和力的基础，会使人产生与你交往的愿望，在某种程度上，会消除不利因素带来的障碍，使困境变为坦途。撒个小谎原本是毫无恶意的，但久而久之会成为一种习惯，成为理所当然。小谎言需要大谎言来掩饰，然后，谎言就会愈扯愈大。永远都别尝试说谎，也别窃占任何不属自己的东西，只有这样你才能高枕无忧。

只要真诚待人，就能赢得良好的声誉，获得他人信任，将潜在的矛盾化解在无形之中。要求报酬的诚实，算不上是诚实。诚实是没有等级、不分程度的，诚实就是绝对的诚实。不论诚实与否，诚实都不是为交换报酬而来的，诚实本身就是奖励，它是人类行为最具有成效的一种。诚实的人从不担心向谁撒了什么谎，无需忧虑会被揭穿，所以，他们可以集中心力，做一些更有意义的事情。也许你无法让所有的人都喜欢你，但是至少可以让大多数人都信赖你。诚实的人日久天长会逐渐形成宽容博大的胸怀，周围充满微笑和友爱；心思纯洁的人会渐渐养成自律的习惯，周围充满宁静和平的氛围。

那些讨厌正直诚实的人，机会同样也讨厌他们。如果你一向说的比做的多，请即刻立下誓言，改变自己的行为吧！守时，是一种美德，是对别人的尊重，是高情商的表现。守时的员工比其他员工更容易获得升迁、重用的机会！

是的，就是这么简单！虽然有些不可思议。然而，对于如此简单、朴素的要求——"按时上班"，又有几个员工能数年、数十年如一日地坚持下来？最深刻的真理往往通过最朴素的事情表现出来，按时上下班从表面上看虽是件很普通的事情，却体现了员工的时间观念。你上班或开会经常迟到吗？你经常滞后于日程安排吗？迟到是造成总裁和同事反感的种子，它传达出你是一个只考虑自己而缺乏合作精神的人。

医生如果迟到一分钟，一个等待抢救的生命可能就此逝去！旅客如果迟到一分钟，事先定好的航班就可能已经飞走！战场上重要的情报如果迟到一分钟，伟大的胜利可能就将演变成不可收拾的惨败！职场上如果迟到一分钟，一张巨额的定单就可能无法挽回，一场事关成败的交易就可能被对手捷足先登，甚至你的大好前程可能就此暗淡无光！

那些被人称颂的伟人无不是严格守时的典范！摩根斯坦利创始人约翰·皮尔庞特·摩根在他女儿开始工作的时候，郑重告诫女儿道："从你正式踏入公司的那一天开始，必须每天准时上班，勤恳工作，试想一个连准时上班都无法做到的人，又怎能担负重任呢？"世界500强企业最需要守时的人才，守时是伟人共同的习惯！

职场女性，如果你想实现你的愿望和目标，就将诚实和守时作为良好的习惯吧，那样你将获得丰厚的回报。

怀着一颗感恩的心去工作

一个高情商的人必定懂得感恩。

哈佛大学毕业的玛丽小姐就职于美国邮政服务公司，与她相处过的同事都对她的友好、善良等美德留有深刻的印象。几乎每一个和她相处过的人都最终成为了她的朋友。有人不解，就问玛丽小姐有什么和人相处的秘诀。玛丽小姐微笑着说出了自己心底的秘密：“一切应该归功于我的父亲，很小的时候他就教导我，对周围任何人的给予，都应该抱有感恩的心情并永远铭记，并且尽快地忘记那些不愉快的过去……我幸运地获得了这份工作，有很多友善的同事，虽然上司对我的要求很严格，但是在私人生活方面对我却很照顾，所有的这一切，我都铭记在心，并且对他们永远心存感激。一直带着这种感激的态度去工作，很快我就发现，一切都美好起来，一些微小的不快也会很快过去。我之所以工作得很顺利，主要是因为大家都很乐意帮助我。”

感恩是一种积极健康的心态。当你以一种知恩图报的心情去工作、去面对所有人时，你就会在工作时拥有愉快的心情，而这一点对职场中的每个人来说都是至关重要的。有过体验的人都知道，一份好心情往往会让你的工作更出色！

微软总部的办公楼里有一位临时雇佣的清洁女工，在整个办公楼几百名雇员里，她是唯一没有任何学历的人，却是工作量最大、拿薪水最少的人。可她却是整座办公楼里最快乐的人！每一天，哪怕是每一分钟，她都在快乐地工作着，对任何一个人都面带微笑，对任何人的要求，哪怕不是自己工作范围之内的，也都愉快并努力跑去帮忙。热情是可以进行传递的，周围的同事也很快被她感染，有很多人和她成了好朋友，甚至包括那些公认的冷漠的人！没有人在意她的工作性质和地位。她的热情就像一团火焰。慢慢地，整个办公楼都在她的影响下快乐了起来。比尔·盖茨很惊异，就忍不住问她：“能否告诉我，是什么让您如此开心地面对每一天呢？”“因为我在为世界上最伟大的企业工作！”女清洁工自豪地说，“我没有什么知识，我很感激公司能给我这份工作，可以让我有不菲的收入，足够支持我的女儿读完大学。而我对这美好现实唯一可以回报的，就是尽一切可能把工作做好，一想到这些，我就非常开心。”

女清洁工的感恩情怀深深打动了比尔·盖茨，他动情地说：“那么，您有没有兴趣成为我们当中正式的一员呢？我想你是微软最需要的。”“当然，那可是我最大的梦想啊！”女清洁工睁大眼睛道。此后，女清洁工开始用工作的闲暇时间学习计算机知识，而公司里的任何人都乐意帮助她，几个月以后，她真的成了微软的一名正式雇员！

世界500强企业的门槛，并不是高不可攀，只要你带着感恩的心情，快乐地工作，任何一家企业都愿意为你敞开大门。

挖掘自身潜力，学习脚步不停歇

哈佛大学的学生在学校时培养的一种能力，就是熟悉各门学科相关书籍的能力。在图书馆里，要从汗牛充栋的藏书中，挑出几部最有价值的书以供阅鉴。这种获取知识的能力，对人的一生都是最有用的。其实，这种学习的能力就是一种情商。具备这种情商的人，做起事来更容易成功。而不注重这种情商培养的人，可能就会被淘汰。

职场就像“逆水行舟，不进则退”，绝非一个吃老本的地方，要活到老、学到老。职场女性要懂得，要么你好好地做，好好地学，否则就拱手让贤。

每个人的一生都是一个持续发展的过程。人的生存是一个无止境的完善过程和学习过程。毫无疑问，一个女人也必须从环境中不断地学习那些

自然和本能没有赋予她的生存技术。无论是求生存还是求发展，她必须终身学习。正是从这个意义上讲，终身学习的过程实际上也是女人不断发展、不断完善的自我实现的过程。

女人通过终身学习可以发现自己人生的意义。在不断学习的历练过程中，她们可以知道自己的长处和短处，并且善用自己的长处，解读自己的人生密码，规划自己人生发展的蓝图。

另外，终身学习可积累属于自己的智能资本，也就是一个女人一生生存和发展的资本。

每个人都具有不可限量的潜力，学习可以把这些潜力转换为能力，把理念转化为能量。

面对推陈出新的市场，不断学习和创新才能不被抛出轨道，“我是个容易忧虑的人，每天都觉得自己不行了”，这样的忧虑是进步的动力。所以不懈怠的学习，才是百战百胜的利器。在职场上奋斗的人积极主动地学习犹为重要，因为他们缺少充裕的时间和心无杂念的专注，以及专职的传授人员。

首先，要在工作中学习。工作是任何职业人员的第一课堂，女人要想在当今竞争激烈的商业环境中胜出，就必须学习从工作中吸取经验、探寻智慧的启发以及有助于提升效率的资讯。

其次，发挥个人最大潜能。人的潜能是无限的，但是被挖掘出来的就很少，很大一部分原因是人们习惯了自己的现状，懒得去改变。但是当有外界的刺激不得不做出改变的时候，潜能就被爆发出来了。

如果我们在平常的日子里也能试着去挖掘自己的潜力，是不是可以比现在的自己在很多方面做得更好呢？懂得挖掘自己潜力的方法也是很重要的。

我们每个人都要学会积极归因。当自己取得进步时，可以归功于自己的努力，这样会激发自己继续挑战自己的欲望；也可以把自己的取得进步看成是自己实力的体现，这样你会对自己进行以后的努力更有信心，因为你相信自己的实力。当自己遇到挫折时，可以把它当成一种考验，用积极的心态去应对，可以从不同的角度去思考解决问题的办法，也许在不经意间就能找到问题的解决办法，这样不仅能增强自己的信心，更能挖掘出自己的潜力。

习惯往往是人们拒绝去挖掘自己潜力的一个重要因素。它就像一个能量调节器，好习惯自发地使我们的潜能指引思维和行为朝成功的方向前进，坏习惯则反之。好习惯会激发成功所必需的潜能，坏习惯则在腐蚀有助于我们成功的潜能宝库。

所以，在风平浪静的时候要养成好的习惯，让自己主动地去挖掘自己的潜力，如可以尝试一些自己以前从未做过但是很有兴趣的事情，也许经过尝试，你会发现自己做得很好，这就相当于找到了一条成功之路。

再次，要努力争取培训的机会。为此你要了解企业的培训时划，如周期、人员数量、时间的长短，还要了解企业的培训对象有什么条件，是注重资历还是潜力，是关注现在还是关注将来。如果你觉得自己完全符合条件，就应该主动向总裁提出申请，表达渴望学习、积极进取的愿望。总裁对于这样的员工是非常欢迎的。

在公司不能满足自己的培训要求时，也不要闲下来，可以自掏腰包接受“再教育”。当然首选应是与工作密切相关的科目。

★如果你认为你的学业或者工作非常重要，而且时间是非常宝贵的资源，那么你就会自发养成良好的工作习惯。

★人脉是一种潜在的无形资产。身在职场，首先要重视对人脉的投资，有意识地去编织自己的人脉圈，并不断地丰富和发展它。

★当你以一种感恩的态度去工作时，就会在工作中拥有愉快的心情，而一份好心情会让你的工作更出色。

★女人必须从环境中不断地学习那些自然和本能没有赋予她的生存技术。无论是求生存还是求发展，她必须终身学习。

善解人意，用心经营，围城后花园宁静又甜蜜

哈佛情商课在处理两性关系的问题上指出，在经营爱情和婚姻方面，女人比男人担当着更为重要的地位。无论是在爱情还是在婚姻中，作为女友或妻子，都要懂得用心守护好来之不易的幸福和爱。在男人的眼中和心里，一个善解人意、懂得体谅和宽容的女人，永远都是男人的至爱。用心经营、善待爱情和婚姻的女人，爱情一定是甜蜜美好的，婚姻一定是幸福和谐的。

成功男人背后一定有个好女人

哈佛大学社会心理学家认为，在婚姻关系中，女人担当着重要的地位。

男人要想出人头地，就必须组建一个健康、和睦、幸福的家庭。没有稳定和谐的家庭作为支柱，男人是难以肯定自己的才华、相信自己的能力、突破自己的圈子、超越自己的极限而获得成功、实现自己的理想的。这时，绝大多数有所成就的男人无不是需要一个得力的“贤内助”妻子，朝夕陪伴，风雨兼程地与自己打拼天下，共同取得辉煌业绩。

而有了幸福美满的家庭做后盾，男人就不会畏首畏尾，固步自封，而是放心胆大地去施展能力，努力奋斗，尽快实现自己的梦想。

俗话说“成功的男人背后都有一个好女人”，所以一个好妻子在家庭中担当着重要的地位。男人的成功离不开一个知心的妻子的支持，而懂事的识大体的妻子总能为丈夫免去后顾之忧，让男人一心用在事业上。

有一次罗杰斯为了写作，住在了一个农场。有一天，他突然想要一把大刀——一种外形丑陋、杀伤力很强的南美大刀。

罗杰斯太太不了解她的丈夫为什么要这件东西，她的第一个反应是劝他不要去买。如果他有了这么一把大刀，到底他想拿来做什么呢？可能只是拿来看一两眼就把它搁到一边忘了吧。

想了一会儿以后，罗杰斯太太决定支持他。她甚至还走了一段很远的路来到城里，亲自为他买回这把大刀。这使得罗杰斯高兴得就像是要过圣诞节的小孩子。

在罗杰斯心爱的牧场里，有一带长满了多刺的矮树丛。他经常带着这把大刀，在这个矮树丛砍伐几个小时，清理出可供马匹和行人通过的小路。他在那儿大砍特砍是完全而彻底地自我消遣。过了一段时间以后他回

家了，全身流着大汗，而他的困难解决了，他的牧场也更漂亮了。

罗杰斯时常说，那把大刀是他曾经收到的最好的礼物之一。罗杰斯太太想起她那时的情况，总是感到非常高兴。

男人的成功离不开女人，意思并不是说所有的成功男人都一定要依赖自己的另一半，而是通过妻子的背后相助，使自己距离成功更进一步。所以，聪明的妻子总是善于帮助丈夫解决问题，即使自己的主意和方法看上去不怎么高明，也希望获得丈夫的赞赏。而当妻子帮助丈夫解决了难题和困境之后，丈夫反而会更加信赖妻子，以后不管遇到什么事情都愿意和妻子沟通商谈，而妻子也在这个过程中获得快乐。

“贤内助”式的好妻子不仅在事业上会助丈夫一臂之力，在生活中也能细心地搭理好一切，解决后顾之忧。比如替他在公婆面前多尽一份孝心；替他在孩子面前多尽一份责任。让他抛却所有的顾虑和担忧，一心一意地工作，这才是做妻子对丈夫的真正帮助。

总之，男人的成功离不开女人的支持，女人的魅力也离不开男人的赞赏。在家庭中做丈夫的好妻子，在事业上做丈夫的好伙伴，一起同甘共苦，风雨同舟。当丈夫陷入困境时，尽力为丈夫排忧解难，当丈夫烦恼时，帮他释放心理负担；当丈夫获得成功时，给予鼓励和欣赏；当丈夫表现出脆弱的一面时，给他温暖。

好妻子并没有固定的标准，但一定要懂得当个高情商的聪明妻子。

1.丈夫是妻子的镜子

在现实生活中，从妻子的个性和为人方面也能够找到丈夫的影子。温顺体谅、开朗宽容的妻子，丈夫也一定是宽容大度、乐于助人的。如果妻子有个好人缘，那么丈夫也一定有着良好和谐的人际关系。反之，如果妻子喜欢搬弄是非，爱嚼长舌，那么做丈夫的一定苦不堪言，甚至在人前失去人心。自己不爱打扮、不修边幅的女人，在丈夫的穿着上也自然漠不关心或者马马虎虎。所以，丈夫是妻子的镜子。有时候，人们对一个男人的评价并非是指这个男人存在哪些问题，而是在反映他的妻子是一个什么样的人。因此，聪明的妻子要学会在丈夫这面明镜的照射下，努力让自己变得光彩照人，而不是自己蓬头垢面，连带着丈夫也显得萎靡不振。

2.聪明的妻子不与丈夫抢风头

聪明的妻子会把所有风光的机会让给丈夫，让他更有面子。当面对问题争论的时候，聪明的做法是适当地示弱，不斤斤计较，不争高下。如果在争论中音量巨大，针锋相对地较劲，是不明智的。当然，温柔可亲的妻子并不是低眉顺眼地顺从和屈服，只要能让丈夫找到男人的信心和魅力，避免尴尬的困境，就是聪明的。

3.帮丈夫撑起台面

聪明的妻子会维护丈夫的形象，为他的魅力加分。因为女人应该懂得，帮丈夫撑起台面，也就等于给自己增添风采。当丈夫身穿西装时，妻子应该选择一款优雅的礼服才搭配。拥有一位出得厅堂的妻子，做丈夫的自然脸上有光，而要是再加上得体的语言、良好的美德和和谐的人际，那么收获的就不止是光彩，更是一种欣赏和敬佩。聪明的女人都懂得利用自己温和的影响力使丈夫在人际圈里广受欢迎。

4.在事业上给予帮助

聪明的女人不应该是甘心地培养好男人的学校，而应该与丈夫成为好同学。当丈夫学有所成，妻子也必定内涵充实。当丈夫在事业上闯出一番天下的时候，做妻子的也应该学会站在他的身旁并肩奋斗。好妻子懂得在事业上做丈夫的得力助手，会帮助他出谋划策，一起分担和解决问题。即使女人在某些方面的智慧不如男人，或者眼光不够高，相信丈夫也会细心倾听的。如果妻子提出了某个见解对丈夫来说很有价值和意义，也会赢得丈夫的欣赏和肯定。

你的爱比证明你的正确更重要

哈佛大学心理学家通过研究认为，在婚姻当中，是否让妻子在性、浪漫以及情感方面感到满意的决定性因素有70%取决于夫妻之间感情的质量。

开始一段新的浪漫关系非常像买一辆新车，驾驭它更多地像纯粹的天赐之福。当你环顾四周时，你几乎很难看到它的所有方面。每一件事情闻起来、听起来和看起来都是非常棒的感觉。你可以很舒服、很轻松地开着车，也许好几个星期，也许好几个月，你陶醉于开车的感觉，直到第一次发生以下情况：有些东西坏了，你需要修理它。交通工具，像人际关系一样，需要修理来保持平稳运转。如果一辆车值得拥有，那么有时候你需要更换一些零部件，需要花费时间和精力来让它保持在最好的状态。但是有时候令人惊奇的是，机修工的一个小小差错会让整辆车报废。让你的车运转很重要，但更重要的是修理车，这也是情商关系的关键。如果你不专注于定期伴随而来的磨损，你和你的配偶一定会发现你们处于两条平行线。

所以说，夫妻之间的争吵有多么频繁无关紧要，但夫妇双方需要做出努力来友好地解决争吵和修复关系却是至关重要的。情商关系是由两个集中精力修复争吵的人来推动的。

夫妻之间感情的修复可以采取许多种形式，但是所有形式的目标都是把争论转移到解决方案上。比如，作为妻子，可以向丈夫提出一种妥协的建议，也可以运用你的幽默来打破这种紧张状态。但无论哪种方式，主要的目的都是为了告诉丈夫，传递这样一个信息：你会关心、尊重他，让他知道，你的爱比证明你的正确更重要。

那么，如何修复夫妻关系呢？

首先，必须认识到修复关系虽然不能解决你们之间的争执，却是一种超越对你配偶表达生气、忿恨和敌意的行动。

成功修复关系的首要问题是得依靠你的自我意识。如果你被情绪逼到死角里，你就不可能改善你们之间的争论。争吵会把你对配偶的所有情绪都带出来，因此，在这个时候维护你的任何一种行为和情绪的观点都会成为一项真正的挑战。如果你发现你自己的情绪是如此强烈以至于你无法清晰思考时，最好的办法就是什么都不做。然后向你的配偶解释你失控了，需要一些时间冷静下来，让你的想法聚集到一起。

然后，如果你足够沉着冷静且对情况有些看法，你可以启动修复关系中的下一个步骤。

运用你的社会意识技巧来把思想集中到以下想法上来：从你配偶的角度来看事情会是什么样的。除非你充分地理解了你的配偶为什么会采取这些行动，否则你无法启动成功的修复关系。你必须向你的配偶显示，即使你不同意他的观点，你也关心从他的角度来看待事情是怎样的。对配偶的观点表示尊重，无论它们是对还是错——这是妥协的关键。

另外，成功修复关系的表现形式多种多样。为了成功地修复关系，你可能需要在许多次失败的尝试中获得知识来武装自己。准备好去尝试在一次争吵中进行多次修复关系，一次失败的修复尝试可能会引起受伤害的情绪和受伤的自我。当你的配偶对你想让事情变得更好的努力产生误会时，你需要克服你的不适并尽力去承受面临的痛苦。你这样做得越多，他就变得更有包容性，并做同样的事情。你在同感和理解方面重复的意图将不会在一个充满爱心、有责任的配偶身上消失。

并且，还要一起讨论修复关系也将有助于你们的关系。如果你能在下次争吵时谈谈你们的争论，很可能就是你们俩应当开始修复关系的时候。当你向你的配偶谈及修复关系时，你们发展了一种你们将在下次争吵期间都会运用的理解。即使你的配偶下次在两人之间的争吵中还很难做到修复关系，他也将很可能承认你的努力并认识到这是显示关心和让事情变得更好的尝试。

最后，使用你的情商技巧来讨论和修复争论。你必须在整个争吵过程中认识你自己和理解你的情绪。这意味着要有足够的自我意识以便认识到什么时候你能容忍愤怒并启动修复关系。你需要使用你的社会意识技巧来“读懂”另一个人。如果你能自始至终进行自我管理的话，争吵将会变得更加平稳。修复关系不需要夫妻双方都要用情商行动，有时候只需要一方拥有自我管理的视角和启动修复关系。当另一方给予善意的反馈时，这种关系就建立起了一种来自情商的不可动摇的力量。

情商关系是由两个集中精力修复争吵的人来推动的。感情的修复意味着即使处于困境，也要表达爱和尊重，因为向对方表达自己的爱远比用争辩证明自己的观点正确更重要。

好女人不唠叨

女人的唠叨，是世上最残酷的折磨方法。一个女人即使拥有全世界最美丽的容貌，可一旦沾染上唠叨的毛病，就会使任何一个男人退避三舍，除非他是个聋子。

女人们可能永远不知道，唠叨对男人来说是种可怕的折磨。唠叨、挑剔带给家庭的不幸要远比奢侈、浪费大得多。

莱伟士·蒋曼博士是哈佛大学著名的心理学家，他对1500对夫妇做过详细的研究。结果显示，丈夫们都把唠叨、挑剔列为太太最糟糕的缺点。

女人们总是习惯以唠叨的方式来改变丈夫，然而，可悲的是，这种方式从来没有奏效过。

唠叨最可怕的地方在于它是男人信心的杀手。

迈克是个优秀的男人，但他的事业却几乎被他的第一任太太毁掉了。他的第一位太太总是轻视和取笑他所做的每件事情。当他们还在一起生活时，迈克是个推销员，很喜爱自己的工作，并且很努力地工作。但每当他晚上回到家时，他的前妻总是以这些话来迎接他："好哇，我们的大天才，生意不错吧？你今天带回来的是佣金呢，还是推销经理的训话？我想你一定知道下个星期就要付房租了吧！"

这种情形持续了好几年，最后迈克终于无法忍受，与他前妻离了婚，重新娶了一位能够给他爱心和支持的女孩。现在，他已经在一家著名的公司担任执行副总裁的职务了。

然而，事实上，他的第一任太太并不知道自己为什么失去了丈夫。"我省吃俭用，吃苦这么多年，"她向她的朋友诉苦，"结果当他不再需要我替他做牛做马后，他就离开了我，去找别的女人了。男人就是这样子！"

如果有人告诉迈克的前妻，迈克决定离开她并不是因为另外一个女人，而是她的唠叨、挑剔，想必她是打死也不会相信的。但这的确是迈克离开她的主要原因，因为她一直在以一种轻视的唠叨方式打击迈克的男性自尊心与自信心，这是任何男人都不堪长期忍受的。

如果你也认识到了唠叨对男人身心带来的伤害，你就得想办法改掉它，以免继续对你丈夫造成不可弥补的伤害。

如果你从未意识到你有这种毛病，可以去问问你的丈夫和其他人。如果他们告诉你，你是个爱唠叨的女人，你千万不要愤怒，而应好好地反省一下。

以下是几种可能对你改变唠叨毛病有益的建议：

1.减少重复同一句话的次数

训练自己把话只讲一遍，然后就忘掉它。

如果你必须很不耐烦地提醒你的丈夫六七次，说他曾经答应过要去割草。如果他现在已经在割了，你就不用再浪费唇舌多说几遍了。唠叨只不过使他更想拒绝而已。

2.采用温和的方式

温和的方式比重复唠叨的方式有用多了。男人都喜欢被人请求，而不是命令。

“如果你愿意去割草，亲爱的，我就给你烘你最爱吃的水果饼。”或“亲爱的，你每次都把我们的草地修得这么整齐，艾莲都很羡慕我有你这么好的老公呢。”类似这样的话，会比你的唠叨更容易达到目的。

3.培养幽默感

幽默感将会使你常常保持良好的心情。如果你对芝麻大小的事也会生气，早晚会精神崩溃的。

有些太太催丈夫到浴室里去拿浴巾的时候，也会因为丈夫动作慢了一点而大动肝火。要学会用宽容幽默的态度对待生活中不如意的事，而不是整天紧绷着一张脸。

别为了一些微不足道的芝麻小事而把爱情变成了怨恨。

4.保持冷静

当你与丈夫发生不愉快时，要记得保持冷静。在不愉快发生时千万不要唠叨埋怨个不停，而应当在你和丈夫冷静下来时，再把这些事情拿出来

讨论。

如果是微不足道的小事，你一定不会再提起。如果你认为很重要，就心平气和地和你丈夫谈谈，在理智与平静的情况下，利用相互信任和合作来消除它。

你不可能用唠叨的话套牢一个男人，这样做的结果只会是破坏他的精神，毁灭你的幸福。

聪明的妻子懂得倾听

杰利密·泰勒说过：“倾听是女人的魅力之一。微笑着倾听丈夫烦恼的女人，远胜过空有一张漂亮脸蛋却喋喋不休的女人。”在婚姻中，高情商的妻子总是善于通过倾听来体会丈夫的苦衷，分担丈夫的烦恼，为丈夫争忧解难，给丈夫以信心和力量。

作为一个妻子，最为自豪的不仅是能够与丈夫分享成功的喜悦，同时也包括倾听丈夫的烦恼与困难。对男人来说，他们愿意与许多人分享他们的成功，却只会向极少数人倾吐他们的烦恼。而那些能够听他们烦恼的人，也正是他们最为信任和亲密的妻子。

从这一意义上来说，要成为一个好妻子，不仅要与丈夫分享胜利，还要懂得倾听丈夫的烦恼。

有许多女人说：“我愿意倾听丈夫的烦恼，但他从来都不说给我听！”为什么会出现这种情况？最大的可能性有两个：一是丈夫怕在妻子面前承认自己的失败；二是妻子根本就不懂得如何倾听。但无论是哪种原因，都是夫妻间的信任不够强烈。

杰克先生匆匆忙忙地回到家里，顾不上喘气，兴奋地嚷道：“亲爱的梅梅，你知道吗？今天真是个值得庆祝的日子！董事会把我叫过去，向他们详细汇报有关我做的那份区域报告，他们称赞我的建议非常不错……”

他的妻子却没有表现出高兴的样子，显然想着别的事情："是吗？挺不错。亲爱的，要吃酱猪蹄吗？咱们家的空调好像出了点问题，吃完饭你去检查一下好吗？"

"好的，亲爱的。我终于引起董事会的注意了。说真的，今天在那么多董事会成员面前，我都紧张得有些发抖了，不过情况很好，甚至连老总都很赞赏，他认为……"

他的妻子打断他的话："亲爱的，我觉得他们根本不了解你，也不重视你。今天孩子的老师打电话来，要找你谈一谈，这个孩子最近成绩下降了不少。对于你的宝贝儿子，我已经没有任何办法了。"

杰克先生终于不再说话了，他想他的妻子是不会听的。他现在应该做的就是把酱猪蹄吃下去，然后去修空调，接着给孩子的老师回个电话。可是，他对这一切似乎都没有了兴趣。

我们可以想象，当我们有一肚子的话想要倾诉，兴致勃勃地要说给爱人听的时候，对方却心不在焉，根本无心倾听，我们的心中是什么滋味？每个人都会遇到开心或者不开心的事，都需要向别人倾诉，来缓解和放松自己的心情。善于倾听的妻子，能让丈夫感觉到她对他的爱、理解和尊重，是对他最大的安慰和鼓励。

怎样才能成为丈夫的"好听众"？建议你从以下三个方面进行：

1.全身心地倾听

你要用眼睛、脸孔甚至整个身体去倾听丈夫的话，而不仅仅是耳朵。如果你真正热心地听你丈夫说话，你就会在他说话时看着他，你会稍微向前倾着身子，你脸部的表情也会有反应。

2.问些诱导性的问题

诱导性的问话是任何一个想要成为好听众的人所必备的技巧。如果要聆听丈夫的谈话，并且不直接提出他不想听的劝告，诱导性的问话就是一个不会失败的技巧。

你可以提出这样的问题："亲爱的，你认为做更大的广告可能会增加你的销路，或者将是一种冒险吗？"你提出这种问题并不是真的给他劝告，但却可以得到类似的结果。

3.永远不要泄露秘密

有些男人从来不和他们的妻子讨论事业问题的另一个原因是：这些男人无法相信他们的太太不会把这些事情泄露给她们的朋友或美发师知道。他们讲给自己太太听的每一件事情都会从她们的耳朵进去而又从她们的嘴巴里出来。

“约翰希望在维吉先生退休以后马上得到公司经理的职位。”这是约翰的太太玛丽在桥牌桌上随便说出口的话，可是第二天约翰的竞争对手就知道了，于是约翰就在完全不知情的情况下被暗中排挤掉了。

许多男人都怕自己的妻子多嘴，不分场合地传播对他们工作业务有影响的话题，甚至还有一些女人会利用丈夫的信任，在以后的争论中拿出来打击他们。“你自己亲口告诉过我，你只因为一纸契约而买下那些过量而不必要的剩余物品。而你现在却说我浪费太多钱去买衣服。难道只有我奢侈？”

类似这样的场面多发生几次，这位太太就不会再听到她丈夫向她大谈业务的“骚扰”了。因为她的丈夫发现自己对妻子的倾诉只不过是给了她更多的打倒自己的话柄而已。

作为一个好妻子，并不意味着了解丈夫所有的工作细节和秘密。比如你的丈夫是个绘图员，他不一定要求你了解他是如何画蓝图。但是，每个丈夫都会希望他的妻子对发生在他身上的事情富有同情心，有兴趣，并且提高注意力。

掌握倾听的技巧，将会使女人更加可爱，并且会在他们心中留下更深刻的印象。

妻子的鼓励是男人前进的动力

哈佛情商课阐明，鼓励对于一个人的成长有着不可替代的作用。而女人的鼓励则是男人前进的动力。

每一个女人都希望她的丈夫能成为她理想中的那个人，要做到这一点，女人需要相当的智慧。要让一个男人变得优秀，你就不要挑剔他，不要拿他与隔壁的某某人相比，也不要设法给他巨大的压力，而应该温柔地鼓励他。

没有男人不喜欢女人的鼓励，尤其是出自对他们至关重要的妻子口中。当他们听到“你真了不起，我很以你为荣，我真高兴你是我的”这种话的时候，每个男人都会高兴得跳起来。

许多成功的男人都可以证明这种说法的真实性。例如，拥有派克斯货运和装备公司的派克斯先生就有这种体会。

“我确信，”派克斯先生说道，“一个男人不但可以成为他理想中的人，而且也可以成为他太太所期望的人。多年来，我曾雇佣了许多员工，但是在我和他们的太太谈过话之前，我是不会把一个需要信任或有重大责任的职位交给他们。因为一个妻子的人生观以及她对先生信任的程度，可以决定一个男人在事业上的成败。我之所以这么说，是因为我自己就有这种经验。

“我太太在嫁给我以前十分富有——富有的双亲，受过良好的教育，有一个快乐的家。我却是个穷小子，只受过很少的教育。除了有想闯天下的欲望以及她对我的爱与信心之外，我什么东西也没有。

“在我们婚后最初的几年里，日子过得十分艰苦。每当我面对失败与挫折而灰心丧气时，她的了解和不断的激励是我继续努力的唯一动力。

“在我的生命中，如果有了什么成功，全是由我太太不断地鼓励带来的。就算在我最无助潦倒时，她也没有离开我。每天早晨我离开家时，她从不会忘了对我说：‘鲍伯，我相信你今天一定会过得很好。别忘了我爱你。’当我回家时，她也总是耐心地倾听我一天的工作情况。为此，我曾发誓永远不会让她失望。到目前为止，我做得还不错。我会继续努力达成她的希望的。”

鼓励带给男人进步。使男人进步的方法并不是要求他，而是鼓励他，指出他们最能够施展出来的才华。

如果他需要建立信心，你可以指出他做过的有勇气的事情。“你还记得那一次，你告诉老板如何减少你部门里的浪费的事吗？那实在是需要很

大的勇气。但是你做到了，真了不起啊！”即使是最怯懦的男人，听到了心爱女人的鼓励，他也会敞开胸怀去努力的，甚至更进一步，他还会觉得也许自己能做得更好，从而表现得更勇敢。

一个好妻子永远不会对她的丈夫说：“你真没用！”尤其是在他失败时。如果你的丈夫真的失败了，他的老板和其他人将会毫不迟疑地向他指出这一点。这时你要做的不是在他心中再撒一把盐，而是在早餐时，在床上，或在家里的任何一个地方告诉他：“你是可以成功的。”不要怀疑你对丈夫的影响力，你所说的每句话都会使你的丈夫改变，让他变得更好或更坏。所以，你对你说出的话要进行选择，只有那些明智的、鼓励性话语，才能改变一个男人的消极态度，使他变得更好、更新。

汤姆·强斯顿就因为有位好妻子，从而改变了对生命的认识。汤姆·强斯顿曾在战争中受了伤，他的一条腿有点残疾，并且疤痕累累。幸运的是，他仍然能够享受他最喜爱的运动——游泳。

在他出院后不久，有个星期日，汤姆和他的太太在汉景顿海滩度假。做过简单的冲浪运动以后，汤姆就在沙滩上享受起日光浴了。然而，不久他发现，其他人都在注视着他的腿。在此以前汤姆从未在意过这条受伤的腿，但现在他知道这条腿太惹眼了。

第二个星期日，汤姆的太太提议再到海滩去度假。但是汤姆拒绝了，说他宁愿留在家里休息也不想去海滩玩。他太太注意到了他的变化。“我知道你为什么不想去海边，汤姆，”她说，“你开始对你腿上的疤痕产生自卑感了。”

汤姆承认了他太太的话，以为他的太太会因此而指责他，然而他太太却说了些让他永远不会忘记的话。她说：“汤姆，你腿上的那些疤痕是你勇气的徽章，你光荣地赢得了这些疤痕。不要想办法把它们藏起来，你要记住你是怎样得到它们的，并且要骄傲地带着它们。现在走吧——我们一起去游泳。”

汤姆·强斯顿去了，他的太太已经除掉了他心中的阴影，甚至给他带来了更好的开始。

全心信任你的丈夫

在婚姻中，信任是维护夫妻双方关系和巩固婚姻最基本的前提和保证。高情商的妻子懂得通过信任来创造和谐幸福的婚姻。

信任和支持对于男人，就像燃料对于引擎那样重要。它能使男人的心理和精神重新充电，将失败转为成功。在这个世界上，最该信任你丈夫的人就是你自己。如果身为他妻子的人都不相信他，还有谁会全心全意地信赖他？

噩运有时候会挫伤男人的锐气，严重的打击还会使他们直不起腰来，但如果这时有人告诉他们："别灰心，像这样的事情是打不倒你的。我支持你！"事情就会不一样了。

比尔·琼斯的例子可以很好地说明这一点。一年前，比尔·琼斯在芝加哥从他的办公楼顶上跳了下来。他跳楼的原因是忧虑和害怕。他兴盛发展的事业遭到了前所未有的危机：他的业务扩展得太快，债权人正在催逼他，而他的许多支票在银行里都无法兑现了。最糟的是，比尔觉得他不能与太太一起承担这些灾祸。他的太太一直都以他的成功为荣，比尔没有勇气告诉她这些事，因为他害怕这些事会使她从幸福的天堂掉进羞耻和绝望的深渊中。

比尔的困境使他走上了他自己办公室的屋顶，他迟疑了一下，然后跳了下去。从地心引力和常识来判断，他是死定了。但是，使人不敢相信的是，他竟然没有摔死！当比尔·琼斯在病床上意识清楚地醒过来，发觉自己还活着时感到兴奋无比。和这个奇迹比起来，他从前的麻烦没有一件看来是重要的了。

事后，比尔把自己的烦恼告诉了他的太太。他太太十分生气，因为比尔不相信她能与他共渡难关。她开始坐下来想办法为他解决困难，几个月来，比尔第一次放松了心情。

如今，比尔·琼斯在稳步的计划下重新取得了事业上的成功，他不再有拖欠的债款了。更重要的是，他已经学会如何和他的太太一起分享困难，就像一起分享胜利那样。

比尔·琼斯的例子告诉我们，妻子对丈夫的一种信任，她们以一种特殊的能力看到了丈夫所特有的潜力。她们不是用眼睛去看，而是用心去看。

你对丈夫的信任不能埋在心中，要用语言表达出来，否则就毫无意义。你要用鼓励、赞美与爱的语言和行动表示出来，让你的丈夫真真切切地感受到你对他的爱和信任。

可是事实上，许多妻子对出现在丈夫周围的女人充满了不信任，她们总是暗中猜疑，并且嫉妒自己的丈夫在公事上依赖的另一个女人。这种猜疑的结果往往是把自己的丈夫推向了那些比你更相信他的女人。

作为妻子不用对出现在丈夫身边的其他女人疑神疑鬼，尤其是需要与丈夫长期合作的女秘书。你应该和她们保持友善的关系，这样才能对你丈夫的事业提供帮助。一个聪明的妻子应该知道如何对待丈夫身边的女人，通常她应遵守以下的规则：

1.不随便猜疑

虽然你认为自己的丈夫很有吸引力，值得追求，但这并不意味着与你丈夫接触的每一个女人都会把他当成目标。尤其是对于那些在公事上与你丈夫接触的女人，通常她们对有能力的男人也仅止于欣赏，而不会动真情。何况，即使她们对你的丈夫有意，你丈夫也未必会同意。多给你和你丈夫一点信心，毕竟你们是准备共度一生的伴侣。

尤其是在工作出现问题，你丈夫要加班工作时，你尤其要表现出体贴与谅解。你要知道，你的丈夫和女秘书或合伙人正在办公桌前绞着脑汁，而不是跑到酒吧里喝酒去了。

如果你的丈夫会与别的女人一起工作，而不是独自一人，当妻子的应该感到庆幸才对，因为你知道有人会在适当的时候提醒他该回家了。

2.不心怀嫉妒

通常在社会上工作的女孩子都会打扮得很漂亮，这是工作业务的需要，也是礼貌的需要。做妻子的人，如果想要打扮得同样漂亮，是毫无问题的，如果你要嫉妒其他的女人，倒不如花时间把自己打扮得同样时髦和迷人。

大部分男人都会喜欢长得漂亮的女孩子，而不欣赏乏味与不具吸引力的女人。因此，当你的丈夫对漂亮的女秘书或合作伙伴表示欣赏时，是一种很正常的现象，就如同你会对英俊而又风度翩翩的男人产生好感一样。

不要试图改变你的老公

哈佛婚姻心理学家认为，在婚姻中，每个人都不要试图改变对方，而是去适应对方。

每个女人在嫁给她所爱的男人前，都要认清这样的事实：男人是很难改变的。所以，不要有类似“我婚后会让他为我改变”这样的想法。男人婚前什么样，婚后也会同样如此。

所以，在嫁给这个男人前，你首先得问自己：“我打算忍受他的这些生活方式吗？”如果不能忍受，你最好不要嫁给他。认为自己能改变男人这种想法是愚蠢的，因为这会严重影响你的婚姻生活。

高情商的女人都知道，要完全地把握一个男人不是靠征服，而是靠融入。当女人完全地融入男人的生活中去时，他们就已经是密不可分的了。

奥嘉·卡巴布兰加夫人的先生曾经是古巴的外交官和国际著名的西洋棋冠军，他是一个聪明、灵巧、到处受人欢迎的人。就像许多能力不平凡的男人那样，他对自己的想法非常固执，但是他们的婚姻却非常的美满成功——他们享有甜蜜的爱情、浪漫和相互的尊重。奥嘉·卡巴布兰加带给她的老公那么多的快乐，所以她老公有时候也会高兴地放弃一些自己本来执着的意见来博取她的欢心。

她是如何创造这项奇迹的呢？只不过是做些“小牺牲”而已。当卡巴布兰加先生心情不好而不说一句话，她就让他独自去思考，而不会以唠叨

来激怒他。她本来喜欢跳舞，但是她的老公却喜爱大部分的时间留在家里，所以她心甘情愿地放弃许多迷人的社会聚会。如果她老公不喜欢她穿在身上的衣服，她就马上去换穿一件他喜爱的。她老公是个喜爱哲学和历史的读书人，奥嘉本来只喜欢比较轻松的书本，然而她还是细心地读了老公喜欢的书。

赶上老公的思想，并且欣赏和领会他的谈话，永远和老公保持同步状态，这是建立相互信任的基础。

所以，不要羡慕那些名人的妻子，因为她们为此付出了巨大的努力。她们所承担的不仅仅是穿着名家设计的服装，在照相机面前摆出迷人的笑脸，也要为融入丈夫的生活付出更多的东西。

罗威·汤姆士的妻子就可以告诉你成为一个名人的妻子要付出多少努力。罗威·汤姆士在国际上很出名，他的事迹可以说是与天方夜谭的故事一样神奇。罗威·汤姆士在喜马拉雅山上所待的时间和他在新闻影片、摄影棚里所待的时间一样多。

法兰西丝——罗威·汤姆士的妻子，是个了不起的女人，也只有她能忍受罗威·汤姆士的工作和生活方式。因为法兰西丝能够像一只变色蜥蜴那样，随时随地地根据丈夫的需要而改变自己。

当汤姆士飞遍世界各地演讲时，她会为他充当旅行中的助理经纪人，帮他处理来自各地的邮件和邀请。

回到美国后，法兰西丝又成了美国最忙的女主人。她还要忙着招待不断前来拜访汤姆士的大人物，包括探险家、飞行员以及其他许多杰出人物。汤姆士家的周末常常会因为有众多宾客的参加而显得热闹非凡。

当丈夫出外远征的时候，法兰西丝就必须忍受更多忧虑。例如在第一次世界大战后的德国革命时期，她从报社电话里听说她的丈夫在采访一场枪战时受到了致命的伤害，而她却只能远在巴黎等着消息。

还有一次，罗威·汤姆士经过一处山区时受了重伤。他被当地人背在肩上走了20多天才安然地离开了山区。在所有这些受尽精神折磨的日子里，法兰西丝却独自承受着害怕失去丈夫的恐慌。

这种精力充沛又爱冒险的丈夫你能忍受吗？你能独自承受丈夫出名背

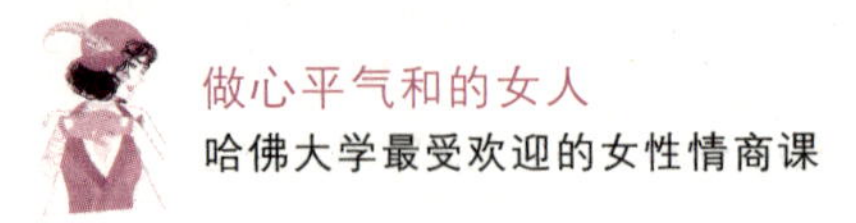

后的各种压力吗？所以，做一位名人的妻子并不是件轻松愉快的事情。如果你现在能适应丈夫的工作和生活方式，那你是幸福的，因为你已能够解决生活所带来的困扰了。

对丈夫要有足够的爱心

高情商的女人懂得，爱心并不只是用在别人身上，对自己的亲密爱人同样要有爱心，她们能够时时让丈夫感受到自己的一片爱心和柔情。

如果丈夫必须待在家里工作，这对每一位妻子来说都是一大考验。想想看，她必须踮起脚尖，静静地在丈夫工作的隔壁房间里行走；也必须接受丈夫的请求，关掉吵闹的电视或吸尘器；她甚至不能经常邀请朋友到家里作客，因为这会妨碍丈夫的工作。

“这太可怕了！”你也许会这么想。但没有办法，婚姻本来就是两人协调适应的过程。如果你对你的丈夫有足够的爱心，时常保持良好的心情，并且下定决心去适应，你就会觉得这种情况并不像想象的那么可怕。

如果很不幸你的丈夫也必须在家里工作，那么看看凯瑟琳·吉里斯的例子吧，这对你可能会有所帮助。

凯瑟琳·吉里斯的丈夫唐·吉里斯是个作曲家，也是NBC交响乐团广播音乐会的制作指导。唐·吉里斯是位成功人士，他的交响乐作品曾被美国和欧洲许多著名的交响乐团演奏过，甚至他的乐曲也被像亚瑟·费德和阿图罗·托斯卡尼尼这种大师指挥演出过。

唐·吉里斯在谈到自己的成功时，无不感激地谈起了妻子凯瑟琳的重要支持，因为他大部分的音乐作品都是在家里完成的。

虽然唐·吉里斯在家里有一间书房，但他却更喜欢在餐厅的桌子上写作。温柔、娴静的凯瑟琳对此却并不在意，正如她所说的，他只不过是在她身边工作而已。此外，她还要关照两个吵闹的小家伙，如果他们太吵

了，她就叫他们去做一些需要安静思索的游戏。

像许多艺术家那样，唐·吉里斯也受到了预算和家庭经济的困扰，所以凯瑟琳也是丈夫职业性的业务经纪人。

她帮助丈夫决定要接受哪一个合约，家里应该节省多少钱以及要如何增加收入。当唐·吉里斯需要一套新衣服的时候，当然也要靠他的太太来提醒，并且帮他去订做。

凯瑟琳·吉里斯在如何对待在家里工作的丈夫方面很有经验，因此，她提出了几个帮助丈夫在家里有效工作的简单原则。

1.尽可能给他自由

尽你的能力使他觉得舒服，然后放下他去做自己的工作。暂时先抑制你想要进去看他的冲动，过一会儿再去探视他的工作进行得如何。

2.不要打扰他

在他工作的时间不要去打扰他。不要让他去开门，照顾小孩，或付账给送货人。你应该自己去做这些事，就像他不在家时那样。除非这幢房子烧起来了，否则不要去打扰他！

3.保持平和

当他的工作进行得不太顺利的时候，他很可能会烦躁和不安。你不能因此也变得心慌意乱。保持平和的心情，因为你需要帮他，帮他恢复冷静而温和的心情。

4.减少家中的聚会

要充分考虑到他的工作时间来安排你的社交计划。除非你家的房子大得足够把他完全隔离开来，否则你就不可以在他想要工作的时候在家里招待你的朋友们。

5.和他一起协调安排时间

和他一起做好工作时间的安排，让孩子们也有时间痛快地做游戏而不会被制止。正常而健康的小孩子不可能从早到晚都能保持安静。一个负责任的男人当然要兼顾妻子和孩子的利益。只有大家的权利都受到重视，生活才会更快乐。

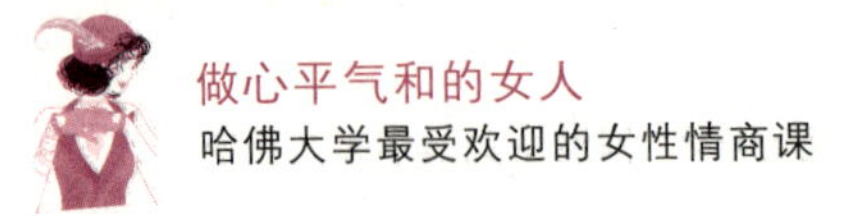

给彼此一个独立的空间

哈佛大学社会心理学家指出，给丈夫留有自己的空间，是掳获他们的心的一招妙计。

与其给丈夫一把大刀，却又因害怕而限制他们活动的空间，还不如直接就给他一把小水果刀，让其自尊心得到满足。

给丈夫足够的空间让他们形成自己的良好嗜好，不仅能使丈夫身心更加健康，工作更富有创造力，而且作为妻子的你可以获得丈夫更多的信任和喜爱。

我的朋友是一个单身贵族，有许多女孩子围绕在他身边，可是他就是不想结婚，当我们问及这个问题时，他曾坦言说他害怕结婚让他失去自己独处的空间，而失去独处的空间也就意味着自己要放弃许多喜欢做的事，这是他最不愿意的。而他周围的女孩子们却往往具有很强的控制欲，让他“望而生畏”。

可能一些妻子对此很不理解，认为有她们体贴关心丈夫的生活不是很好吗？其实不然，作为妻子，尤其是一些以居家为主的女人，自己每天都有相对独立的时间享受自由，对获得自己的空间不太敏感。而在外忙碌的丈夫则不然，因为几乎一整天都在高度紧张的工作状态中，下班之后急需得到放松，这时聪明的妻子就不应该在丈夫面前喋喋不休地唠叨，而应该依据丈夫的喜好，为其创造发展其嗜好的空间。

如鼓励丈夫每周出去和朋友们做他们喜欢做的事，像钓鱼、打桥牌、打打保龄球等，这样不仅能为丈夫培养有趣的嗜好，调剂单调的生活，而且能让他们有自己的空间享受自由，这会让他们感到快乐无比，对妻子心有感激。为了家庭的将来，他们往往会更加愉快地工作，创造的成绩往往也很骄人。

如果夫妻在一起仍然能够保持单独一人的境界，那说明彼此是非常尊

重对方的。在这种情况下，共同生活的概念就有了一种新的含义。

一位年轻的女士这样说的：

“我可以和一个男人一起生活，同时又觉得我完全是自在的。我们常常坐在一个屋子里，我做手饰，他做他的事，我们虽然在一起工作，但我的感觉和思考都是独立的。对我们来说，当每人都能专心致志地做自己的工作的时候，就是两人在一起最美好的时光。”

巴克和萨拉则是一个反面的例子，他们不允许对方表达想单独一人待一会儿的要求。巴克的律师事务所正是兴旺时期，这花费了他的大部分精力。他的妻子萨拉掌管家务和照料孩子，事情干得也很出色。晚饭后她当然乐意坐在沙发上休息一会儿。她希望巴克能和她一起坐一会儿，但是巴克的要求与她的不一样。他说：“在事务所里我没有时间休息，回到家里4个孩子又这么闹。为了自己能有个地方单独待一会儿，我把屋顶的小屋扩建了一下。可我不能上去。我一上去萨拉就生气。我还能怎么办呢?我延长工作时间，星期日也去办公室。如果真想躲开一切的话，我就去打高尔夫球。”

一位妻子如果不会自己活动，又不理解丈夫想单独一人待一会儿的需求，那极可能像萨拉一样，使她的丈夫无法待在家里。在家里，萨拉不给巴克一点儿时间自己支配，又非让他与自己在一起消遣，否则便不高兴，那对于巴克来说，只能是三十六计走为上计。最后他也许一走了之——离婚。

有些夫妻的住房比较小，空间上不允许一个人单独有一个地方，对于他们来说，学会两人在一起，同时每人又能单独地活动就特别重要。有的夫妻居住的住宅较宽敞，双方可以常常回到自己的房间去。但是，他们也会觉得两人在一起，同时每人又能单独活动是一种享受。通过这种方式单独一个人活动，会加强双方一种在一起的感觉。

这也许就是“在一起生活”的真正含义。但是许多夫妇恰恰破坏了这种可能性，他们认为，在一起就是要求对方不断地集中精力注意自己。

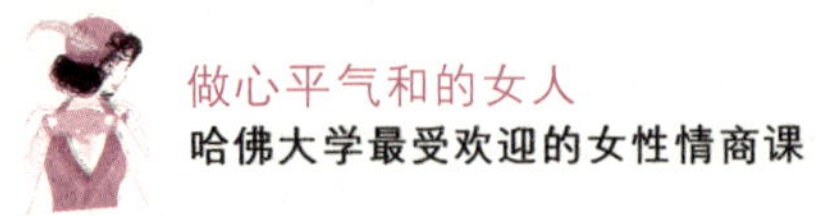

善待爱情，拯救婚姻

艾薇尔女士的老公样样都好，就是脾气太大。他们经常是手牵着手一起出门，吵了架分头回来。为此，每次出门前他们都不得不各自拿好自己那一串钥匙。到家后，老公还怒气不减，抱着被子就去睡客厅。更让人无法忍受的就是老公动不动就说："离了得了，省得你老看我不顺眼。"

开始，艾薇尔女士被老公气得老是一个人偷偷地哭。但想起老公的好，又舍不得离不开他。其实老公也舍不得离开艾薇尔女士，好的时候他也说："我这臭脾气也就是你能将就。"

总是忍气吞声也不是办法，艾薇尔女士总不能眼看着自己被他折磨成逆来顺受的老式小媳妇吧？艾薇尔女士找了一个两人情绪都不错的日子，跟老公说："老公咱订个夫妻互爱协议吧。"

老公问："好的好的。定什么协议？我又没跟你生气。"

"咱约法三章好不好？一是以后再吵架，谁也不许去客厅睡；二是只能就事论事，不准翻旧账；三是谁也不准再提离婚两个字。"

"好吧，这还不容易，我依了你就是。"两个人郑重其事地草拟了两份协议填好，并各自按了鲜红的手印。

从那儿以后，艾薇尔女士的老公还是时不时地犯老毛病，可有约法三章在，他们再也没有出现过一怄气好几天谁都不理谁的情况，老公再也没提过离婚。

爱情是人类最美好的情感之一，但爱情也需要小心呵护才能结出甜美的果实。对于婚姻中的两性，如何才能拥有亲密无间的爱情呢？哈佛心理学家提出如下建议：

1.美好的爱情是用来享受的，而不是用来吵架的

两个人彼此喜欢才能走到一起，一起生活是为了快乐，而不是争吵，无休止的争吵会破坏两人间温馨的关系和感情，对此，生活上可以求同存

异，互相尊重对方不同的观点和意见。

2.不要拿过去的感情与现有的爱情做比较

经常提起过去的恋人，会给现在的恋人带来心理上的影响，让他认为那是你难忘旧情或者是在拿以前的恋人和他进行对比，这都不利于感情的发展。

3.相爱就不要轻易说分手

恋人之间最忌讳用分手威胁对方，这对感情的伤害基本上是无法弥补的。年轻人比较喜欢开玩笑，但要有底线，说者无心，听者有意。如果对方把你说分手当了真，那爱情的苦果只能自己品尝了。

4.即使热恋中也要有各自的独立空间和时间

如果恋人每天都腻在一起，那就会影响学业和工作，也不利于各自的进一步发展，久而久之，新鲜感越来越少，发现的不足越来越多，对感情的发展是不利的。不如偶尔跟他做一次短暂的分离，品尝一下相思的味道。

5.爱情切忌受外界摆布

恋爱是男女双方的事情，别人只能给他们的交往提出建议，但没有人有权力干涉他们，即使是父母的意见，也只能作为参考，因为只有当事人才最明白对方是不是和自己合得来。

6.不在爱情中迷失自己

人的本性是很难在短时间内被改变的，因此当发现对方不够完美时，不要对对方的改变速度抱太高期望。如果两个人彼此相爱，是会尽力为对方改正自己的缺点的。如果强制对方去改变，会让对方产生逆反心理，时间长了可能会觉得感情是一种负担，这样就因小失大了。

7.共同分享和承担爱情中的乐与苦

经常跟男友分享生活上的喜悦、生活中的点点滴滴，在对方沮丧或不开心时给予适当的慰籍与关怀，不但能使彼此之间的爱情得到滋养，更可激励彼此不断向上。

8.在爱情中做个有心人，让对方感受到自己的爱

相爱是甜蜜的，在一起会形影不离，分别后会相思绵绵。无论是缠绵

依恋还是无尽相思，都是对对方的爱和牵挂的表现。可以说，爱情中的恋人都是有心的，甚至会用心地制造浪漫和惊喜。而没心没肺的爱情也就让人感受不到爱和甜蜜。所以，在相恋的阶段，彼此应该多感受对方的爱，体验爱情的真正滋味。恋爱时，男女双方都会为对方做很多事，用以加深爱情的浓度。比如，为对方做一顿可口的饭菜，然后面对面地看着对方吃完。

平淡婚姻更需要珍惜与呵护

哈佛大学婚姻心理学家认为，珍惜来之不易的婚姻，呵护刻骨铭心的爱情，在婚姻中与爱人风雨同舟，共同成长，是每个女人共有的责任。

有句话说得好，平平淡淡才是真，但平淡的生活往往又令浪漫的人觉得“乏味”，比如一日三餐，比如孩子老人。婚姻需要两个人用心经营，用心呵护。更为重要的是，置身于婚姻当中的人，一定要学会用感恩的眼光来看待一切，要学会享受平淡的生活、平实的幸福，并在平淡与平实中添加一些温馨的色彩。婚姻不是索取，也不是纯粹的奉献，夫妻双方要学会在婚姻中共同成长。

细细品味，平淡的婚姻犹如一捧细沙，需要夫妻共同小心地珍惜与呵护。抓得过牢或过松，都会从你指缝间溜走。

在平淡的婚姻中，夫妻如同乘一列火车观光的朋友，在旅途上，彼此相互照料、相互体恤。在旅途中经受着各种各样严峻的考验。

夫妻间的生活犹如两盘石磨之间的磨合，是需要互相适应的。两人一起经历风雨，穿越荆棘，走出沼泽，最终踏上的路是一马平川。无论是最失意还是最成功时，都会发现：彼此才是最大的牵挂。

当你晚年站在婚姻这座围城之巅，你会自豪地发现一个不变的真理：原来平平淡淡才是真。平淡的婚姻是真实的、清晰的，令人感动的。

婚姻不单单是两人世界，婚姻讲求实际，就是实实在在地过日子，每天开门七件事：油盐柴米买菜难，水电住房生活费。在婚姻里，责任和理智是非常重要的，走过初始的“两人世界”，新婚的柔情蜜意渐趋淡化，“小天使”的即将降临人间，尤让人感到肩上的分量。

平淡的婚姻是值得珍惜的，它是对现实婚姻和人的情感规律的一种透彻的认识和省悟，是一种难得的豁达和乐天知命。和最爱的人相伴终生，是非常浪漫的一件事情。

以下是给相知相守的爱人们的几点建议：

1.彼此珍惜相遇相知的缘分

两个人之间共同的方面越多，两个人的关系越稳定，相同的信仰，类似的观念背景，共同的爱好、生活方式，对两个人的和谐融洽的关系至关重要。两个人从陌生到相识，再到相知，是一个不断磨合不断相处的过程，俗话说“有缘千里能相聚”，所以夫妻之间的缘分更值得珍惜。

2.彼此珍惜深挚的情意

以友情为基础的爱情是婚姻如意的保证，尊重彼此，为对方排忧解难，配偶充当恋人与朋友的双重角色，会使婚姻更加牢不可破。建立在友情和爱情共同基础上的婚姻最重要的特征是夫妻双方心甘情愿地付出。由于夫妻间一同生活时间很长，如果能做到深知彼此特点，深刻了解对方，就会自然地进入很亲密的状态，这也是恋人关系发展到夫妻关系的基础。

完美的婚姻关系中，彼此忠诚和信任的夫妻往往情深意笃，双方都言行一致地履行婚姻誓言。

3.彼此珍惜对方的优点和对自己的好

当生活中出现纷争的时候，能够友善地倾听和尊重对方之言，并能知错即改；如果不能说服对方，就各自保留意见，尊重对方。让相处不受任何纷争的冲击。

感情深挚的夫妇看重的都是对方身上的优点，而对对方身上无关紧要的不尽如人意之处，能够用宽容来包容。

4.彼此珍惜来之不易的幸福婚姻

幸福美满的夫妇把婚姻和事业置于同等重要的地位，为二者付出同样多的心血，不会为了事业影响家庭。当夫妻二人都在为了创造幸福生活而共同打拼时，要珍惜对方的劳动成果，珍惜对方的付出。

★夫妻之间的争吵有多么频繁无关紧要，但夫妇双方需要做出努力来友好地解决争吵和修复关系却是至关重要的。情商关系是由两个集中精力修复争吵的人来推动的。

★作为一个妻子，最为自豪的不仅是能够与丈夫分享成功的喜悦，同时也包括倾听丈夫的烦恼与困难。一个妻子所能做的最重要的事情就是，让她的丈夫把他在办公室里无法发泄的苦恼都说给她听。不要拿他与别人相比，也不要设法给他巨大的压力，而应该温柔地鼓励他、赞赏他。

★信任和支持对于男人，就像燃料对于引擎那样重要。

★你与丈夫之间的爱情是他工作和生活的原动力，因为如果你们真心相爱，就会甘心为彼此尽力去做每一件事，使对方快乐。

★在平淡的婚姻中，夫妻如同乘一列火车观光的朋友，在旅途上，彼此相互照料、相互体恤，在旅途中经受着各种各样严峻的考验。

欢声笑语，其乐融融，做温馨和睦家庭女主人

哈佛情商课阐明，情商的作用不仅体现在社交、事业上，也体现在居家生活的琐碎小事上。高情商女人不仅要做一个好母亲，同时也要当个好妻子，还要做一个好儿媳。要做到这一点，你就要在老公、孩子、婆婆之间扮演好角色，使自己、孩子和老公之间的爱形成一个和谐的爱的整体，使得家庭一年365天中的每一天都能够拥有欢声笑语，其乐融融，和谐幸福。

贤妻良母是女人最伟大的职业

哈佛大学商学院的克拉克教授忠告人们，“不要打破工作和生活之间的平衡。”因此，很多人认为家庭是最重要的领域，应该排在第一位，其次才是友谊、健康和爱情。

对于女人来说，事业和家庭是生活中重要的两大组成部分。只有事业和家庭平衡，才不会失重。而一部分居家型女人，会选择从家务中找到新的工作方式和乐趣，并以使家庭温馨、平和为己任。

随着社会经济的发展，人们的价值观念发生了很大变化，一些人开始不屑做居家好女人，认为做一个家庭主妇太没出息了，其实这完全是误解。正如哈佛大学社会学家在谈到家庭主妇的价值时曾说的：“只是一个家庭主妇——喔，老天！这就好像在一个国际会议里听到一个男人说，‘不必为我操心，各位先生，我只不过是美国总统而已。’”

所以，做居家的女人应该感到自豪而不是自卑，因为你所扮演的角色，在一周中所需要的各种才华甚至比专业演员表演需要的技艺更多。作为一个家庭主妇需要具备如下技能，即她必须是洗衣工、厨师、裁缝、护士、保姆、打架专家、购物专家、公共关系专家、人事主管、牢骚发泄对象、总经理和顾问，甚至要成为兼职司机、书记员和记账员。

而且光具备这些技能还不够，居家女人还必须保持自己的魅力，以免丈夫“红杏出墙”，试问，即使一家身价过亿的大老板也不能完全做好上述统计的工作吧，而居家好女人就能做到，而且做得相当完美。

所以，做好居家好女人的确不简单，任何一个居家女人都应引以为傲。

玛丽妮亚·范韩与佛狄南·伦德柏格在他们的著作《女人——被忽视的性别》中说：“研究结果显示，由于妻子在家里做了大部分的工作，便不

必再雇请别人了，因此，丈夫收入的有效运用价值，便增加了30%~60%。”

世界知名成功男人之所以取得令世人瞩目的成就，往往与妻子的帮助与支持密不可分，这些妻子都认为做好居家好女人是非常崇高和有意义的。如曾就任美国总统的艾森豪威尔的妻子玛密·多特就是居家好女人的杰出代表。

玛密·多特·艾森豪威尔在接受《今日女性》杂志专访时曾说：“生命带给女人的最伟大职业，就是做个妻子。”在这篇专访中玛密·多特·艾森豪威尔坦诚了她对做个居家好女人的看法：

“洗小孩的袜子和全家人的脏衣服，这是令人很厌烦的事。一个家庭里有做不完的琐事，有时候看起来就像是一些可有可无的小事，尤其当你的丈夫从外面带回来许多重要的消息并问你‘亲爱的，你今天做了什么’的时候，而你所能说的只是‘唉，我今天交了水电费……’

“就是这些时刻，你一定很想到外面找个工作，融入人群中，同时赚些外快，但是如果你不向那个诱惑屈服，你的生命可以获得更多的回报，如果你向诱惑屈服了，20年后你将发觉你自己除了一个职业以外，什么东西也没有，或是你会发觉，你的家庭一直是被你和你的丈夫所遗弃，不知道该如何去珍惜它。

“如果我现在才结婚，我还是愿意像以前那样做家庭主妇。我将会努力去做，善用我丈夫微薄的薪水来料理家务，多结交一些朋友，每天早上都看着他吃完热腾腾的早饭以后去上班，我要尽我最大的能力帮助他实现任何理想。

“做居家好女人是我的工作和我的乐趣，想尽办法尽我的能力，使艾克的家庭永远保持平衡和安定，这是我感到最奇妙、最有价值、最繁忙而最快乐的生活。”

作为居家好女人，玛密·多特·艾森豪威尔做得相当出色，因为她曾经帮助丈夫踏入了美国最有权力的房子——白宫。

平衡家庭和事业的关系

哈佛大学心理专家认为，工作和家庭几乎构成了我们生活的全部。而个人的价值观不同，对它们重要性的判定也会大不同。

身在这个竞争激烈的社会，谁也无法避免激烈的竞争和无所不在的压力。现在的职业女性所面临的问题越来越多，越来越难。这些问题不仅仅涉及单纯的技巧，背后还有复杂而深刻的原因，而且大多数都起源于或反映在日常生活中。因为每位女性在社会中都拥有多重身份，肩负着工作和生活的重任，忙活着大大小小的事情。

同一个女人，在不同的时间和场合，她的身份和职责就会截然不同：在工作场合，身兼助理和主管的责任；回到家里，既是妻子也是女儿……每种角色所承担的责任、发挥的作用，以及体现的个性可能完全不同。

实际上，一个女人要在事业、家庭和人际关系之间建立平衡，彼此并不互相矛盾，完全可以相互兼顾。无论是事业、家庭，还是朋友圈、社交关系，我们都需要费心费力好好经营。事实证明，拥有事业的女人同时也能够拥有美好的生活。只有对生活充满热爱，对工作富有激情，才是美好的人生，关键是女性自身对生活、感情、事业的态度以及扮演角色的技巧和成熟程度。

女人要在不同的阶段、身份、地位中扮演好不同的角色，在每一个舞台上都做一个“好演员”，发挥出各个角色特定的个性，实现各种角色特有的价值。这正是女人获得幸福的不二法门。

那些在事业、工作、家庭、朋友之间，不仅会力所能及地完成自己的事情，尽到自己的本分，而且还能够全心全意、尽职尽责地付出。这样的女人，无论在哪个舞台都会是最出色的演员，最闪亮的明星。

人的精力毕竟是有限的，现实生活中，一些职业女性该如何面对工作和家庭的双重压力，平衡家庭和工作之间的关系呢？这里，给你几个保持平衡的小窍门：

注意那些给你带来压力的事情，并尽量把它们减到最小。减压的方式有很多，比如练瑜伽，听音乐等。

在头天晚上就计划好第二天所要做的一切，不要等到第二天还分不出事情的轻重缓急，误了事情，会让你的情绪变得很糟糕，而带着糟糕的情绪工作是没有效率的。

你不仅应该休息，还需要休息。会休息的人才会工作。

家务活分配给所有的人，即使是年龄小点的孩子也能做点什么。不要任何事情都亲力亲为，这会让你因为疲劳而精神不佳。

经常和丈夫保持沟通，一定要取得他的支持和理解，这是维持家庭和睦的关键因素。

雇人照顾孩子，夫妻俩一起每个月至少出去一次。哪怕仅仅是去郊外兜兜风，总之一定要有和丈夫独处的时间和空间。

没有特殊情况，周末尽量不工作，因为你不能把所有的时间都给工作，要给家人留一些。平常不做饭的女人，最好能回归厨房，给丈夫和孩子做一顿好吃的，让他们感觉到你的爱。

学会忙中偷闲，不要一工作就忘记了丈夫和孩子。比如，你在公司的时候，丈夫不舒服了，你一定要记得打电话问候，否则你就显得有点“无情”或“冷血”了，这可不是男人喜欢的风格。

养成锻炼身体的好习惯，把做美容的时间匀出一点做锻炼。身体是革命的本钱，如果身体垮了，一切都成过眼烟云了。

好好管理时间，既然你已经走在了家庭与事业的平衡木之间，时间已经严重不够用了，所以一定要好好管理和合理分配有限的时间。

营造一个温馨舒适的家庭环境

高情商的女人一致认为，女人全心全意所追求的不过是打造一个温馨的家，要为老公和孩子提供一个温馨的港湾而努力！

从走进婚姻的那天起，女人就担负起了对家庭的责任和义务，与丈夫共同为这个温馨的港湾祈祷和祝福，为了营造幸福的家园而努力着。不管贫困和富裕，不论艰难与坎坷，共筑家的港湾，让这艘爱的航船驶向人生的终点是每一对夫妻共同的祈盼。

每一位家庭主妇，所需要的就是尽力营造一个温馨的家庭氛围，让丈夫和孩子其乐融融。

家是丈夫的避风港，是让他们身心最为放松的地方，切不可以用自己对家庭的清洁标准来要求丈夫也要保持地板一尘不染，不能陷入自己的家庭工作成就中，要明白作为一个好妻子，要为丈夫创造出一个充满温馨、安全和舒适的爱的小巢。

保罗·柏派诺博士是洛杉矶家庭关系协会会长，他相信家庭应该是男人的避难所，能够使男人从业务的麻烦里得到安宁。在现代日趋激烈的社会竞争中生活，并不像野餐那样轻松愉快，他必须整天和对手竞争，在各种情况下都是，到下班铃响的时候，他渴望安详、和谐、舒适、爱情……

在公司里，大家都盯着他是否出错，而妻子则不会把她自己的困扰加到丈夫身上，也不会给他制造一些新的麻烦，她会恢复他的精力，保护他的精神，在情感上使他愉快，使他在第二天早晨能精神饱满地出门。

像保罗的妻子那样在家里能创造出这种气氛，能够在丈夫的生活里尽到妻子责任的女人，可以说是最了解自己职责的妻子了！

可见，营造家里的气氛是女人的主要责任。你的丈夫在工作中的表现将会受到这种气氛的影响。

1.营造欢乐祥和的家庭氛围

作为一个女人，你当然不希望丈夫成为工作狂，但是又希望他能在工作中有良好的表现，如果你能创造出一种快乐祥和的气氛等着他回到家里来，你就能够使他既不会成为工作狂，又能获得好的业绩表现。

社会竞争日趋激烈，每个男人在工作中都会感到扑面而来的压力，因此在劳累紧张了一天后，家就成为了他们最企盼的放松和休息的地方。

2.让家清洁又舒适

乔治·凯利的《克莱格的妻子》之所以会受到欢迎，就是因为现实中许多女人都很像女主人公哈丽莱特·克莱格。在剧中哈丽莱特生活的主要重心就是保持家里的纤尘不染，她甚至连坐垫放错也不能忍受，丈夫的朋友来访并不受欢迎，因为他们会把东西搞乱。而她认为在我们眼中很正常的她的丈夫是个破坏专家，因为她的丈夫经常扰乱她所创造出来的完美。

显然，这个妻子的做法是非常不明智的，如果让丈夫在家中也感到紧张，不可能养精蓄锐去为明天奋战。

男人大多不拘小节，以方便舒适为最大原则。聪明的妻子要明白，当你的丈夫对你辛苦布置好的家造成破坏时，很可能是因为你的布置方式没有体现方便舒适的原则。如当丈夫把报纸满地乱丢时，可能是茶几太小或是上面堆满了装饰品，他根本就找不到地方放报纸，这时你就应该重新考虑一下你的布置方式。

任何一个丈夫都希望自己的家干净整齐，对于男人来说，自己可以不拘小节，但别人可就不能这样了，尤其是自己的妻子、自己的家。

3.聪明的妻子会让丈夫在家里做国王

男人对家庭的关心与女人是同样的，但他们需要一种这个家里没有他们就不完整的满足感，所以聪明的妻子要充分理解和掌握男人的这种心理。

例如，家里需要添置一件新家具时要认真地与丈夫商量，共同决定。又如，丈夫想亲自下厨做菜，可以在星期天晚上让他在厨房里自由发挥，虽然他会留下满是污渍的杯盘碟碗让你为他清洗。如果不能让你的丈夫有上述的满足感，那么家庭生活肯定不会和谐。

所以，家是夫妻双方共同的休息所，聪明的妻子会让丈夫在家里觉得自己像个“国王”，从而为家庭作出更大的贡献。

不要把家庭的和睦“吵”掉

吵架似乎成了夫妻生活必备的作料，很多鸡毛蒜皮的小事，总能引来一番争吵。很多夫妻一时的赌气争吵，竟然大打出手，很多家庭暴力和家庭惨剧因此发生了。殊不知，长时间吵架会造成彼此身心的伤害和疲劳，对婚姻失去好感，从而影响婚姻的质量，最终会将婚姻推向破裂的边缘。

哈佛大学心理学家经过调研分析夫妻吵架的原因，归结起来大约有四点：第一，由于婆媳关系不和，婆婆对着儿子说媳妇的不好，妻子也总数落婆婆，而丈夫却站在婆婆那边，常常争吵升级。很多时候婆婆恶意刁难，愚孝的丈夫却永远看到妻子的不对，这样的女人真的是很不幸。第二，因为孩子而争吵，孩子的学习、生活、身心状况都能成为吵架的根源。第三，夫妻经济条件好，对于感情生活彼此之间互相猜疑，不断滋生吵架。第四，夫妻经济条件不好，为钱争吵。或是夫妻双方性格不合，观点不一致，便互相争吵。

吵架就像在木板上钉进钉子，即使和好，就如同把木板上的钉子取出，可是木板也已变得千疮百孔，就如同吵架过后疲惫的心。一般人在吵架的时候都无法冷静地分析事情，更会在不理智的情况下说出一些很难听的话，然而冷静下来后我们都知道那只是气话，可是那些气话是不是真的对我们毫无影响呢？如果因为一时冲动动起手来，心底的伤就无法磨灭了，即使时间流逝，也无法抗拒心底的隐隐作痛。

爱情和婚姻都需要彼此的尊重和谅解，一味的吵架，不但不能够解决问题，而且会使感情变淡、心灵受伤。这样的吵架，要尽量避免。家和万事兴，尽可能地彼此包容，遇到问题时互相商讨，为了彼此的爱，守住承诺，把握幸福。

婚姻中仅仅有爱情是不够的，责任感对婚姻的幸福是必不可少的，吵架在特定的情况下也是一种传递和增强责任感的方式。每个家庭中夫妻双方的地位角色不同，自然在面对问题，解决问题的形式上也会有所不同。人与人的感情需要交流，夫妻间更需要保持沟通。

事实上，夫妻间的正常争吵并不会伤害彼此的感情，争辩的结果应该是了解彼此真实的想法，达到和谐的目的，能把夫妻两人之间可能存在的问题明朗化，解决冲突，达到和谐。

可爱的女人，此时你该怎样化解你和先生之间出现的僵局呢？

1.不要隐藏你的感觉，把所有痛苦的层面展开，表达出去，但不是对配偶

你可以向亲人、朋友倾诉，如果这些人都不便，你就把自己关进一个僻静的小屋，拿一面镜子，你对镜子倾诉，可以口若悬河，滔滔不绝，也可怒发冲冠，大发雷霆。如果你喜欢运用文字，就把自己关进小屋，奋笔疾书，一写为快，不要考虑遣词造句，层次格式，尽情写……

切不可总与对方纠缠，做那些加深伤害的无谓举动，你应该尽力维护自我的形象、风度。

2.不要急于寻求和解

即使痛苦过后，悔悟深深，内疚重重，也不要急于寻求和解。你可以尽情整理自己，从容慰藉自己，鼓励自己走出旋涡，进行调整，干一些以前想干但没有时间干的事情，如看望久别的朋友、欣赏工艺品、逛街、精心妆扮自己……

3.经过以上两个步骤，你已冷静而理智，这时就该考虑和解。但不可直接进入和解状态

你先静下来读一些书，不论什么书，只要你想看，其内容能够吸收，它会使你的思维灵活而富有弹性。还可以找一些能够开导你的人，聊聊天，此举可开阔你的胸怀。总之你感觉到心里镇定而沉着，以前的痛苦可以放过。

4.自我心理准备就绪，就该观察对方的动静

此时，对方无论处于何种状态都不重要，重要的是你以自己的成熟，主动出击，如果在你心理成熟之前，对方已经向你表示和解，此时你再考虑接应。

经过上述步骤，你的积极情绪已经上升，爱心随之产生，下面就该应用技巧，化干戈为玉帛了。比如，在丈夫不在家时，用心情布置房间；安排一些必须由两人出面访亲待客的事情；主动接丈夫的电话，帮他把手里的活儿收拾好；丈夫朋友来，要比平时热情些；鼓动孩子亲近父亲；在他晚回来时，给他写封幽默短信，告诉他一些与他有关的事情；切记不要把你的亲人朋友带到家里款待；不要请别人帮忙说服丈夫，更不要去丈夫的朋友同事那里诉说原委；把自己打扮得漂亮一些，表现出自己兴致盎然；要求丈夫为你做些举手之劳的事情，满足后报以微笑和谢意。

左手好妻子，右手好妈妈

恋爱中的男女经过一段时间的接触与了解，结成夫妻，随之爱情的硕果便降临。夫妻双方此时成为爸爸、妈妈。

孩子是爱情的结晶，有了孩子，确实给夫妻，给小家庭带来欢乐和愉快的气氛，同时也给夫妻带来沉重的家庭负担。这时，妻子常常是围绕在孩子身边，往日那种对老公的缠绵自然而然地减少了。其实，这是家庭走向矛盾边缘的因素之一。

究其原因，正是由于夫妻不善于处理老公、老婆、孩子三者之间的关系，导致了夫妻之间的不和谐，不协调，甚至还会因此产生矛盾和隔阂。

高情商女人会将处理好老公、老婆、孩子三者的关系作为一门必修课。作为老公或妻子，别以为三者都是自己的人，无先无后，无远无近。如果妻子把心思和精力过多地倾注于孩子身上，忽视了关心和爱护爱人，忽视了对方的位置和存在，那么很容易导致家庭关系的不平衡，由此可能影响夫妻之间的感情融洽。

在我们现实生活中，这种情形并非少见。有些妻子关心孩子是无微不至，孩子的衣服买了一套又一套，裙子买了一条又一条，不惜代价，可却从未像关心孩子那样给老公买一件。孩子出现头疼脑热，妻子会依偎身旁，督促吃药，倒水，而老公生病，反而会唠叨几句。总之，在孩子与老公身上显露的关心程度极为悬殊。

一般来说，如果你是个好妻子，也可能是个好母亲。这两者并没有十分必然的联系。有了孩子以后，家务事就随之增多了。如果你借口带孩子，把家务事全部推给你老公，甚至把孩子也推给你老公，这不仅不是一个好妻子的作为，连一个普通妻子的责任和义务都没有尽到，这是很不应当的。

也许，你不但带着孩子，而且还干着相当多的家务。当孩子和家务忙得你焦头烂额，心烦意躁时，你把这一肚子火会一股脑儿全发到你老公身上，这也不是一个好妻子的作为。时间长了，也会引起家庭中的矛盾。

有人把有了孩子以后的一段时期称为夫妻感情的危机期。在这一时期里，如果不处理好因有了孩子而带来的一系列问题，不仅做一个好妻子是不可能的，做一个好母亲也很难办到。

所以，高情商女人不仅要做一个好母亲，同时也要做一个好妻子。要做到这一点，你就应当在爱孩子同时，也用相当的爱去爱你的老公，使你、孩子和老公之间的爱形成一个和谐的爱的整体，使你老公觉得你对他的爱，对他的关心和体贴，并没有因为有了孩子而有任何减少。至于因孩子而带来的家务事，你应当尽你的能力去做。同时，也要请老公体贴，相互之间很好地分工、合作。

消除亲子间的代沟和隔阂

我们的大多数时间都是与家人一起度过的。由于种种原因，许多家庭问题此起彼伏。

一位24岁的女青年主动去哈佛大学心理咨询室咨询，心理咨询师好奇地问她：“你有什么问题吗？”

她挺直率地说：“当然！我的母亲……事实上，我已经决定在这个周末离开家庭。”

原来，最近她和自己母亲的关系不大和谐，而问题的关键之处似乎是：母亲的进取心和好强的性格与女儿颇为相似。

最后，心理咨询师说：“一个人的性格可以比作磁力，当两种同极磁力在一条线上、向同一个方向推或拖时，它们就变得互相抵抗和排斥。而当它们相对作用时，它们就互相合作。”

说完这些，心理咨询师转向那个女人说：“你和你母亲的行为看起来是十分相似的，根据你对待她的方式，你能推断出她将会如何对待你。也许你能通过理清你自己的感情来弄懂你母亲的感情。因此你完全可以轻松地解决存在的问题!”

“要知道，当两个人的个性都极强，而他们又希望能和谐地生活在一起的时候，至少有一方必须应用积极心态的力量来协调一下。”

“我给你布置一个特殊的作业，在这一周里，无论你母亲要你做什么事，你都愉快地去做。无论她提出什么意见，你都以令人愉快的、诚恳的态度说出自己的意见，或什么话也不说，完全同意她的看法。当你企图找她的岔子时，你就压下火气找一些好听的话来说。试试看，这么做你肯定会取得令人高兴的效果。”

“这不会起作用的!”这位青年答道，“她实在是顽固得无法相处!”

“你绝对正确。”咨询师答道，“这可能不会起什么作用，但你可以用积极的心态去尝试一下。”

一周后，当咨询师问这位青年情况如何时，她高兴地说：“谢谢你，我很高兴，在这一周中，我和母亲之间没有说过一句令人不愉快的话。你知道吗?我已经决定继续留在家里了。”

人们普遍有一种倾向，喜欢用自己的反应来判断别人的反应。这个结论有时可能是正确的，正像那个曾同母亲不合的青年一样。但是，很多父母同他们的孩子产生矛盾，常是由于他们未能认识到时间既改变了孩子，

也改变了他们自己，因而他们没有去调整自己的心态，以适应孩子和他们自身的变化。

家庭内部，也需要沟通、了解。

要想获得幸福，就要了解别人。要认识到别人不可能和你完全相同，他不可能像你一样思考，他所喜欢的东西不可能就是你所喜欢的东西。当你认识到这一点时，你更易于发展积极的心态，更易于去做一些于人于己都称心如意的事情。

会理财的女人最会持家

会理财的女人就如同一朵永不凋零的花朵，妩媚动人，一生注定因为理财而变得更美丽、更精彩。

高情商女人清楚地认识到，攒钱是理财的起点。收入是河流，财富是水库，花出去的钱就是流出去的水，只有留在水库里的才是你的财。要想攒好钱，就要养成量入为出的习惯。

如何攒钱？方法很多。最简单的就是用你的工资卡做基金或者保险的定额定投，每个月定时定额地扣取一定费用，既能起到攒钱的效果，又能达到有所保障的目的。第二就是每月固定提取工资的10%~20%，存入一个只存不取的账户，长此以往，就会有一笔额外的存款在你真正急需用钱的时候雪中送炭。

对于女性来说，钱生钱是理财的重点，光会攒钱是不够的，还要学会投资。然而，投资有风险。所以投资之前先做个投资风险承受能力测试，看看自己是属于保守型、平衡型还是激进型的理财性格，然后再选取自己能够承受的产品投资组合，这样不至于在一定阶段投资有亏损时影响到自己的情绪。

理财是生活的一部分，因为我们一生几乎都无法与金钱脱离关系。

“成由节俭败由奢”，理财的正确与否会决定我们的生活是否安宁与幸福，实际上持家之道就是理财之道。

女人在开始理财之前，应先建立正确的理财观念。在生活中，要善于提升自己的财商，把幸福牢牢握在自己手中。

1.一定要节俭，避免浪费

大富由天，小富由俭。浪费是对人力、财力、时间等用得不当或没有节制。我们的衣食住行、日常生活，每时每刻无不与许多形形色色的物资打交道，有时候就因为一时头脑发热判断失误造成浪费。浪费是最大的罪恶。

2.不要去守财

储蓄是美德，可这种美德像其他美德一样，过分就会适得其反。储蓄的目的是备急时之用，是更合理地使用。如果把储蓄看成只进不出，死守不变，那么储蓄做什么呢？生不带来死不带去。

3.花钱不要太随意

生活中需要精打细算，每一分钱都用得实在，把钱花在刀刃上。这应该是会理财的女主人应有的做法。想想自己和丈夫通过艰苦奋斗，终于创造了一番事业，手头宽裕起来了，腰杆子壮起来了，说话气也粗了。于是，办事开始大大咧咧，不再精打细算，不再认真计划，花钱大手大脚，这是要不得的。

4.不要去攀比

女性的天生缺点：当只有她一人时，她便对镜唏嘘顾影自怜。可是只要有两个以上女人时，任何一个女性就想要超过甚至压倒别的女性——特别是貌美的或是有钱的太太。

倘若她很美，且有钱，就经常处于这种女性对阵时胜利的一方。如果万一出现了足以匹敌的对手，而且又明显不能压倒甚至还难以战胜对方时，于是她便失去理智了——来一阵比富竞赛。

这种比富都是不必要的开支。攀比在理财中是一个非常值得重视的误区，一旦落入，很难自拔。

把家打理得井井有条

从哈佛大学走出来的学子玛丽·韦尔斯·劳伦斯如今已是小有名气的实业家，她是韦尔斯·里奇·格林广告代理公司的董事长。除了主管她的广告代理公司，劳伦斯还要担当家庭主妇的职责。她在与家人相处时，会将所有的工作上的事情都置之脑后，而在公司工作时，她会全身心地投入其中。劳伦斯将家庭和事业处理得很好，不仅是个出色的领导者，也是个称职的贤妻良母。

一些不善于居家的女人之所以不喜欢做家务，根本原因在于没有计划好自己的时间。也就是说，没有正确地对待自己有限时间的观念。她们不能有效地利用时间去收拾房间，却把宝贵的时间浪费在一些没必要的应酬上，还有没完没了的化妆、无聊的谈话等，也造成大量时间的浪费。而勤俭持家的女人会将家里家外收拾的井井有条，干干净净，给人以舒适整洁。

时间是最公平的，不论贫富贵贱，不论长幼老小，每人每天的时间都是一样多，然而在同样的时间里，每人每天取得的成就却不一样。这就是成败的原因——智慧的女人总是利用一切时间来创造机会，所以她的成功机会永远比别人多；平庸的女人是将时间拿来把握机会，所以她只有一点点的成功机会；愚蠢的女人则是浪费时间来错过机会，所以她永远都没有成功的机会。由于对时间观念的认知不同，于是在相同的时间里产生了不同的效率，不同的效率产生了不同的人生及命运。

有些女人或许有这样的想法，家务、工作、教育孩子让自己焦头烂额，根本没有闲暇学习提高自己。其实，时间是有弹性的，完全看你如何利用。

那么居家女人如何利用时间来打理家庭生活呢？

1.给生活做个日程计划，会规划的女人生活更有序

请记住，没有任何东西比事前的计划能促使你把时间更好地集中运用到有效的活动上来。不要让一天繁忙的工作把你的计划时间表打乱。

做一张日程表，或在你的记事本上列出某几段特定时间要做的事情，如开会、约会等。在纸的另一边列出你待做的事项——把你计划要在一天完成的每一件事情都列出来。然后再审视一番，排定优先顺序。表上最重要的事项标上特别记号。因此，你要排出一两段特定的时间来办理。如果时间允许，再按优先顺序尽量做完其他工作。不要事无巨细地平均支配时间，同时你要留有足够的时间来弹性处理突发事项，否则你会因小失大完不成主要工作而泄气。

在列出每天“待做事项”时，你一定要花一些时间来审阅你的“目标表”，看看你现在所做的事情是不是有利于你要达到主要的目标，是否与其一致。

在结束每一天工作的时候，你很可能没有做完“待做事项”中所列出的事项，但是你不要因此而心烦。如果你已经按照优先次序完成了其中几项主要的工作，那么这正是时间管理所要求的。

我们每个人都需要自律，要绘制或填写时间记事表。当你真正做到之后，保证你会出现一些惊喜的效果。

2.合理安排全家人的日常起居，做到生活规律

星期一的早晨是全家最忙碌的时候，解决这个问题的方法就是让家里每个人尽可能在前一天晚上把星期一要带的东西准备好。

在周末快结束时，让孩子们准备好自己在星期一上学时要穿的衣服，让孩子们各自收拾好书包和要带去学校的东西。你自己也应该收拾一下第二天上班时带的公文包和其他一些要带出门的东西。睡觉前为明天的早餐做些准备等。

3.精心管理好衣橱，家里不是“杂货铺”

衣橱是堆放衣物的地方，也需要管理吗？答案是肯定的。管理衣橱跟管理企业或家庭一样，组织有序，不但可以让你拥有一个整洁的衣橱，方便选取衣服，还可以让你的衣服变得物超所值，为你节省更多的时间与金钱，带给你愉快的心情，更可以锻炼你的管理和判断分析能力，使生活变得更有节奏，更有序。

为生活不时地加点调味品

为自己的生活不时地加点调味品是高情商女人婚姻成功的不二法门。而在这些调味品中又以培养自己的嗜好，不断提升自己的魅力最为有效。

与男人一样，女人也要培养自己的嗜好，发挥自己的特长，这样生活才能过得精彩，尤其是那些家庭主妇，每天有很多空闲时间，如果不能及时找到填补这些时间的活动，往往会使她们感到厌烦、疲倦和单调，从而降低自己的魅力。因此，聪明的妻子在空闲时间会培养自己的兴趣，找到适合发挥自己特长的事情来做。

华尔特·芬克伯纳太太在孩子幼小时，整天待在家里照顾孩子。当孩子睡着时，她经常感到莫名的烦躁，经常对丈夫发火，两个人之间的交流越来越少，关系一度恶化，当孩子长大了开始上学以后，在朋友的劝说下，她开始到圣鲁克公会的全月制学校去授课，在此期间，她发现自己很有照顾小孩的天分，于是她又申请到圣鲁克日间学校幼儿园去做老师。在做了这些工作后，华尔特·芬克伯纳太太开始觉得生活充实，自信和魅力又写在了脸上，丈夫高兴地说：“那个我喜爱的女孩子又回来了。”

芬克伯纳太太在与朋友说到这段经历时曾说：

“自从我开始工作后，我发现生活中出现了许多惊喜，如我以前对于家务事的要求非常严格，每一件小事都不放过，现在我的眼界宽了许多，不再把时间浪费在这些小事上了。每天早上，我都提前一个小时起来收拾屋子，然后开车送孩子们去上学，随后到自己的学校去上班。

“我在学校负责孩子们的饮食和午休，星期三晚上，我会陪丈夫和一些朋友打保龄球。星期四晚上空下来我就去参加教堂的一个讨论会。这个讨论会在心理上给了我许多好处，再加上每周三次的兼职教课，我的工作表就排满了。

“这些家庭外的工作为我的生活带来了很大的变化，如在家人聚集的晚餐时刻，我有更多的话题拿出来与大家分享，这让我获得了前所未有的满足感。

“因为我曾经读过描述一个精神病患者的文章。这个患者小的时候，由于父母时常把餐桌当战场，要争论问题，所以她现在想要吃东西的时候，就会把每一口食物都吐出来。所以，在我们家里有个规矩，吃饭的时候，只能谈那些愉快的话题。晚餐就是一个综合汇报时间，到那时我们全家可以一起分享这一天有趣的事。而我的这个具有创造性的工作计划，让我有了更多有趣的事情来和他们分享。

“这些也给了我更好的价值观念，我不再去在意从前困扰我的小事情，而是把精力集中在较重要的事情上。如，怎样把我的家变成一个温馨的港湾，让每个人都感到舒服、愉快。”

可见，聪明的妻子切不可把时间空耗在枯燥的等待中，而要让自己的特长闪耀出更多的魅力，在获得自信的同时，让丈夫对自己刮目相看。

女人要做自己一生的赢家

无论你婚后是否继续工作，无论你是否生儿育女，要让一个男人真正满意并不是一件容易的事。况且女人还有自己的事业，自己的理想，自己的兴趣和爱好。男人对女人的要求是复杂的。如果说，在社会上女人应该拒绝和抵制所谓的潜规则的话，那么在婚姻生活中，无论是显规则还是潜规则，女人都得接受，这是无法拒绝和抵制的。但是接受不等于是无可奈何的承受，无论是显规则的游戏，还是潜规则的游戏，我们都可以做赢家。要成为赢家，自然要有一点本领。

有些女人和丈夫结婚多年，勤勤恳恳，任劳任怨，辛辛苦苦操持着一个数口之家。男人一句话：“一个地道的家庭妇女”，就几乎完全否定了女人的功劳，似乎你与他并不般配。当你牺牲了自己的事业，放弃了自己

的工作，为了生儿育女，为了婚姻和家庭，青春消失殆尽，鱼尾纹爬上了眼角，没有人感恩，没有人怜爱，别人似乎已开始为换夫人造舆论，你该是多么的伤心。男人虽然有好坏之分，但是在对待女人这个问题，都有可能是十分无情的。

高情商女人明白这一点，任何一个女人都不应该把幸福的希望寄托在男人的人格操守上，而应该把希望寄托在自己身上。没有人可以给你幸福的生活，只有自己可以给自己带来幸福的生活。

没有哪个女人有多少青春可以牺牲。没有哪个女人的生活可以重来。只要一个男人能信守对婚姻的承诺，就已经是有道德的、可敬的男人了。而心理的变化是正常的，对事物感受的变化也是正常的。何况事物也都在变化之中。比如，你们更富有了，他的地位更高了，他对生活的期望值自然也会更高。如果你变得更庸俗、更势利了，红颜美女变成了半老徐娘，他的心理怎么可能不发生变化？他可能会死了心，也有可能会重新燃起激情，重新去寻找自己新的生活。所以，女人要做自己的赢家，才能绽放青春，魅力长久。

★女人要在不同的阶段、身份、地位中扮演好不同的角色，在家庭与事业中发挥出各个角色特定的个性，实现各种角色特有的价值。这正是女人获得幸福的不二法门。

★女人全心全意所追求的不过是打造一个温馨的家，要为老公和孩子提供一个温馨的港湾而努力。

★会理财的女人就如同一朵永不凋零的花朵，妩媚动人，一生注定因为理财而变得更美丽、更精彩。

★与男人一样，女人也要培养自己的嗜好，发挥自己的特长，这样生活才能过得精彩。